JN235797

食品加工学実習

～加工の基礎知識と品質試験～

片 岡 榮 子
鈴 木 敏 郎
鈴 野 弘 子
德 江 千代子
西 山 由 隆
野 口 智 弘
古 庄 　 律
村 　 清 司

地 人 書 館

序

　すべての生き物にとってもっとも重要なことは食べ物の確保である．微生物，昆虫，鳥類，魚類，家畜類，人類がその生命を維持し，成長するためには生物の形や大きさ，または種類によって摂取方法は異なるが，その必要性は変らない．生物と食の関係はその生物の進化の程度が高いほど，質の高い「食」を必要としているといわれている．通常，自然界に自由に生育している生き物は，自然界に存在している形そのままを食べ物としている．家畜類は自然の状態では草や穀類を探して食べるが人間に飼育された家畜類は主として配合した飼料を食べ物として生育，成長，繁殖を行う．特に，これらの生物の中で進化しているといわれている我々「人類」はもっとも質の高い「食」を必要としている．この食の「質」の高さが食品の「加工度」と考えられる．太古，我々の祖先は，他の動物と同様に木の実や草の種，鳥類，魚類，貝類を自然の状態で捕食していたであろう．しかし，我々の祖先は永い間に「火」を使うことを覚え，「土器」を作って物を煮てたべものを作る技術を習得した．この「火」，「土器」やこれに付随する「切る」などの技術が「食の加工」であり，この加工度の高さが食の「質」の高さであると考えられる．この食物の原料，素材を「加工」して「質」を高めて嗜好性，栄養性を高めたのが「加工食品」である．

　現在，我々は高度な「加工食品」に囲まれている．現在のような高度に発展した社会では「加工食品」を抜きにした食事を考えることはできない．地球上のどこかで栽培，収穫，捕獲，飼育された原料，素材が，「火」および同等の熱エネルギーで加工され「土器に変る金属の容器」などで調理され，包装，冷蔵，運搬などの流通経路を経て到達し，我々が注文すると数分も待たないうちに完全に調理された形で提供される．

　この食品加工の技術は，これからも社会の技術的発展に従って進化・発展していく．しかし，この食品加工の技術は忠実な基本と原理や理論に従っている．この基本の技術は常に食品加工の原点に存在する．この原点とは，「原料，素材を調理，加工して食物」とする「技術」である．この基本技術を自らがしっかりと習得することが必要である．特に，現在の加工食品は味，嗜好性，外観を主に加工される傾向があるが，食物の原点である生命の維持，成長，繁殖の観点に立った「栄養学的」面の検討，改善がおろそかにされつつある．

　本書は，根底にこの食物の原点である「栄養学的」面を重視して加工食品を製造することに主眼をおいて編集されている．また，本書は次のような特徴を持たせ，目的に合わせて学ぶことができるように構成している．

1．製造する加工食品の技術度による内容の分類
　第1章は「基礎的な加工保蔵技術」として，食品加工技術の基礎となる水分と水分活性に始ま

り，塩蔵，糖蔵，乾燥，くん煙，殺菌，瓶，缶詰，最新技術のレトルトパウチを記載している．また，資料として加工食品を製造する場合の法的規制（表示方法）を掲載した．

第2章には「品質試験と官能検査」として加工食品の品質試験に一般に使う酸度，糖度，食塩濃度，pH，粘度，真空度が，また官能検査法についての詳細が掲載されている．

第3章として「農産物の加工」は穀類，いも類，果実・野菜類を中心にそれぞれ代表的な加工食品の製造を取り上げた．

第4章は，「畜産物の加工」として畜肉，乳製品，卵類の代表的加工食品の実習を行う．

第5章は「水産加工品」は，水産加工品と海藻の代表的食品加工技術を習得する．

2．実習内容の特徴

1) 実習の原料，素材が家庭や我々個人の身近に存在し，かつ，簡単に加工して保存可能な食品を手造り的操作により製造し，認識を深める内容（例えば，らっきょう，クッキー，あさりの佃煮など）．

2) 1)と同様な身近な素材を使用するが，理論的な加工技術が確立された食品（例えば，乳酸菌飲料，ジャム類，ソーセージ，缶詰類など）で，将来，食品関連企業，その他において各種の食品に携わった場合，食品加工の製造ラインが理解できるように準工業的規模で，20〜数十kgの原料を用いて本格的に製造する内容の二種類に分類されている．

3．実習方法の特徴

家庭での調理はほとんど主婦一人で行うが，かつて加工食品は大量の素材を扱い，長期に大量の食料の貯蔵が主点であるため大家族や一族，村全体の多人数の作業であり（味噌，しょうゆなど），この作業から多くの知恵が蓄積されてきた．本書も項目によるが，原則として約3〜20人のグループでの共同作業を基準としている．このために各項目で原料の使用量，工程の標準時間も付記した．

4．製造した加工食品の評価と報告が正確に評価できるようなシステムの実施

加工食品は，その素材，温度，時間等の加工度と撹拌等による変化など，化学反応のように理論的，数値的に同一ではなく，極限すればまったく同一のものはでき得ない．この仕上がりの状態の適正な評価が必要であり，失敗もまた新しい発見を生む重要な手段である．

5．資料

代表的な数値表として「ショ糖の濃度と密度」「食塩水の濃度と密度」および「アルコール計表」を巻末に設置した．食品加工は「経験と勘」が大切であるといわれているが，実際には厳密な製品工程の管理が必要であり，これらの諸表数値は安定した品質の均一的生産には必須である．

末筆となりましたが，本書の出版を快くお引き受けいただきました㈱地人書館の上條　宰取締役社長に感謝申し上げます．

平成 15 年 9 月

著者一同

目　　次

第1章　基礎的な加工保蔵技術 …………………………………………… 9
1.1　水分と水分活性 ………………………………………… 9
1.2　塩　　蔵 ………………………………………………… 10
1.3　糖　　蔵 ………………………………………………… 10
1.4　乾　　燥 ………………………………………………… 11
  1.4.1　食品の乾燥の目的 ……………………………… 11
  1.4.2　食品の乾燥方法と乾燥食品 …………………… 11
1.5　く ん 煙 ………………………………………………… 14
  1.5.1　くん煙材の種類 ………………………………… 15
  1.5.2　くん煙成分 ……………………………………… 15
  1.5.3　くん煙の原理 …………………………………… 15
  1.5.4　保存性に関与する成分 ………………………… 16
  1.5.5　くん煙法 ………………………………………… 16
1.6　殺菌・滅菌 ……………………………………………… 17
  1.6.1　殺　菌　法 ……………………………………… 18
  1.6.2　滅　菌　法 ……………………………………… 19
1.7　缶詰・瓶詰 ……………………………………………… 20
  1.7.1　缶詰食品について ……………………………… 20
  1.7.2　瓶詰食品について ……………………………… 26
1.8　レトルト食品 …………………………………………… 28
  1.8.1　レトルトパウチ食品 …………………………… 28
  1.8.2　食品包装材としてのプラスチックの特性 …… 28
【資料】　食品の規格と表示制度 ………………………………… 29

第2章　品質試験と官能検査 ……………………………………………… 33
2.1　品　質　試　験 ………………………………………… 33
  2.1.1　総　酸　量 ……………………………………… 33
  2.1.2　糖度（糖用屈折計による測定） ……………… 34
  2.1.3　食　塩　濃　度 ………………………………… 35
  2.1.4　pH（水素イオン濃度） ………………………… 36

2.1.5 粘　　度 …………………………………… 36
2.1.6 硬　　さ …………………………………… 38
2.1.7 真 空 度 …………………………………… 42
2.2 官 能 検 査 ……………………………………… 43
2.2.1 官能検査とは ……………………………… 43
2.2.2 官能検査の意義と問題点 ………………… 43
2.2.3 官能検査の種類 …………………………… 43
2.2.4 官能検査の実施上の留意点 ……………… 43
2.2.5 官能検査の手法 …………………………… 46
2.2.6 官能検査の解析法 ………………………… 47
2.2.7 官能検査結果のまとめ方 ………………… 51

第3章　農産物の加工 …………………………………… 52
3.1　穀　　類 ……………………………………… 52
3.1.1 パンの製造 ………………………………… 52
3.1.2 うどんの製造 ……………………………… 58
3.1.3 中華めんの製造 …………………………… 61
3.1.4 クッキーの製造 …………………………… 65
3.2　い　も　類 …………………………………… 70
3.2.1 ポテトチップスの製造 …………………… 70
3.2.2 こんにゃくの製造 ………………………… 73
3.3　果　　実 ……………………………………… 77
3.3.1 ジャム類の製造 …………………………… 77
3.3.2 びわ缶詰の製造 …………………………… 85
3.3.3 くり甘露煮瓶詰の製造 …………………… 90
3.3.4 みかんジュースの製造 …………………… 94
3.4　野　　菜 ……………………………………… 98
3.4.1 レトルト食品の製造 ……………………… 98
3.4.2 漬物の製造 ………………………………… 103

第4章　畜産物の加工 …………………………………… 108
4.1　畜　　肉 ……………………………………… 108
【食肉加工品】
4.1.1 ポークソーセージの製造 ………………… 109

【缶詰食品の製造】
  4.1.2　牛肉味付け缶詰（牛肉大和煮缶詰）の製造 ……… 118
4.2　乳 製 品 …………………………………………………… 124
  4.2.1　ヨーグルトの製造 ………………………………… 124
  4.2.2　乳酸菌飲料の製造 ………………………………… 133
  4.2.3　アイスクリームの製造 …………………………… 137
4.3　卵 　　類 …………………………………………………… 141
  4.3.1　マヨネーズの製造 ………………………………… 141

第5章　水産加工品 …………………………………………… 145

5.1　水産練り製品 ……………………………………………… 145
  5.1.1　かまぼこの製造 …………………………………… 145
  5.1.2　さつま揚げの製造 ………………………………… 150
5.2　調味加工品 ………………………………………………… 153
  5.2.1　あさりの佃煮の製造 ……………………………… 153
5.3　海 　　藻 …………………………………………………… 156
  5.3.1　ところてん（心太）の製造 ……………………… 156

付　　表 ………………………………………………………… 159
引用文献 ………………………………………………………… 176
索　　引 ………………………………………………………… 178

第1章　基礎的な加工保蔵技術

1.1　水分と水分活性

　我々が口にする食品はかなり多くの水分を含んでいる．食品中の水分は，その存在状態により自由水（free water）と結合水（bound water）に大別できる．自由水はかなり自由に分子運動を行うことができる．これに対し，結合水は食品成分中の糖質やタンパク質と何らかの相互作用をしており，自由を失い束縛された状態にある．このような状態を水和という．結合水は，強く結合したものであっても弱く結合したものであっても溶媒としての機能に欠け，0℃でも凍結せず，微生物に利用されにくい．一方，自由水は溶媒としての機能を最大に発揮し，微生物に利用されやすい．こうしたことから，食品の水分量と保存性の関係を考えると，全水分量よりも自由水を基準にして考えることが重要である．食品中の水の存在の状態を表すのに水分活性という値が用いられる．水分活性とは存在する全分子数に対する自由水の割合であり，食品の示す水蒸気圧とその温度における純粋の水の水蒸気圧との比，あるいは水と溶質の全モル数に対する水のモル数であり Aw という記号で，次式のように表される．

$$Aw = P/Po = n_1/(n_1+n_2)$$

　　P：食品の水蒸気圧
　　Po：純粋の水の水蒸気圧
　　n_1：水のモル数
　　n_2：溶質のモル数

　純粋な水は全部が自由水であるので水分活性は 1.0 である．無水物のときは，$P=0$ で $Aw=0$ となり，Aw は 1.0～0 の範囲で示される．したがって，水分活性が 1.0 に近いほど自由水を多く含んでいるということができる．各種食品の水分含量と水分活性値を表 1.1 に示した．野菜，果実，食肉類，魚介類，卵などは Aw 0.97 以上で特に変質しやすいので冷蔵保存が必要であるが，0.9 以上の食品も保存性に劣る．これは，一般細菌の生育範囲にあるためである．ジャム，ゼリー，サラミソーセージなどの Aw 0.65～0.85（水分含量 20～40％）の中間水分食品は，細菌の繁殖は比較的起こりにくく，長期保存ができる特徴がある．さらに Aw 0.6 以下の食品は乾燥食品や乾物である．微生物が発育できる Aw の範囲は微生物の種類によってほぼ決まっている．表 1.2 に示すように発育可能な Aw の下限は細菌類 0.90，酵母類 0.88，糸状菌類 0.80 とそれぞれの微生物によってその範囲は狭い．したがって，Aw の低い食品ほど長期間の保存が可能である．しかし，Aw の低い食品は空気中の酸素と光により酸化，褐変，退色などの変化を起こすことがある．

表 1.1　食品の水分含量と水分活性

食品名	水分（％）	水分活性（％）
野菜	90 以上	0.99 ～ 0.98
果実	89 ～ 87	0.99 ～ 0.98
魚介類	85 ～ 70	0.99 ～ 0.98
食肉類	70 以上	0.98 ～ 0.97
卵	75 以上	0.97
さつま揚げ	76 ～ 72	0.96
かまぼこ	73 ～ 70	0.97 ～ 0.93
開きあじ	68	0.96
チーズ	46 ～ 40	0.96 ～ 0.95
ハム・ソーセージ	68 ～ 55	0.96 ～ 0.92
塩さけ	63 ～ 60	0.90 ～ 0.88
ジャム	36 ～ 51	0.94 ～ 0.82
マーマレード	32	0.75
乾燥穀類・穀粉	15 ～ 13	0.70 ～ 0.65
ビスケット	4	0.33
インスタントコーヒー	3	0.36

表 1.2　微生物の増殖と水分活性（Aw）

微生物	増殖下限（Aw）
細菌	0.90
酵母	0.88
糸状菌	0.80
好塩細菌	≤ 0.75
耐乾性糸状菌	0.65
耐浸透圧性酵母	0.60

1.2　塩　　蔵

　食品に食塩を添加すると浸透圧のために脱水が起こり，侵入した食塩によって食品の水分活性が低下して微生物が増殖しにくくなる．また，塩素イオンの作用として防腐作用，酵素活性の抑制，酸素溶解度の減少による好気性微生物の繁殖抑制などによっても貯蔵性が得られる．食塩濃度と微生物の生育は，一般の腐敗細菌は約 5 ％，ボツリヌス菌などの病原細菌は 10 ％前後で生育が阻止される．しかし，微生物の中には 20 ％以上の高食塩濃度でも生育する産膜酵母やカビなどがある．塩蔵法には食塩水に浸漬する立て塩法と，直接食塩を材料に振りかける振り塩漬けがある．立て塩法は，すじこ，いくら，たらこなどの魚卵や小型魚に適する．

1.3　糖　　蔵

　糖蔵は塩蔵と同様，食品に砂糖を添加すると浸透圧が増加し，水分活性が低下するため，微生物の生育が阻止され貯蔵性が高まる．味の上から主として果物の貯蔵に利用されている．一般に微生物は糖濃度が 60 ％以上になると生育が抑制されるが，耐浸透圧性の酵母は 80 ％でも生育するものがある．ジャムでは原料となる果物に有機酸が含まれていること，製造時に加熱されること，高糖濃度であることなどから，優れた貯蔵性をもつようになる．

1.4 乾　　燥

　食品中の水分を除去することを狭義には乾燥という．しかし，食品加工における乾燥は食品中の水分を軽減するだけでなく，食品の物理的，化学的，生物的な特性を変え，貯蔵性を高めたり，新しい商品性が創造されたりする場合もある．微生物による食品の腐敗や酵素作用による変性および食品成分の化学的変化による食品の品質低下にも水分が関与している．
　食品を乾燥する目的は次のように大別される．

1.4.1　食品の乾燥の目的
（1）　貯蔵性の付与
　　水分の多い食品から水分を除き（水分活性を下げ）微生物による腐敗や酵素による食品成分間の反応による変質を防ぐことによって，貯蔵性を付与する．
（2）　輸送性の付与
　　水分が除去され，重量が軽減することにより扱いやすくなり輸送性が高まる．
（3）　簡便性の付与
　　乾燥法により水分のみを除去し，食品の特性を変えないで長期保存・貯蔵ができ，飲食に用いる場合は水や湯を注いで迅速に復元し，喫食可能な状態にするので簡便性が高まる．
　　〔例〕　即席めん類，粉末味噌汁，インスタントコーヒー，凍結乾燥による調理済み食品
（4）　新しい食品の創造
　　乾燥することによって，その食品の特性を変えて，好ましい性質や新しい品質にかえることにより創造性が付与される．
　　〔例〕　切干大根，かんぴょう，干しぶどう，干し柿，干魚類，ビーフジャーキー，凍豆腐

　しかし，ある一定以上の水分が除去されると，食品組成成分と直接結合している単分子層の水が失われ，組織が直接空気に触れ酸化しやすくなるために，逆に保存性が低下する．そこで，乾燥食品の品質を保つためにはそれぞれの食品に適した包装が重要となる．

1.4.2　食品の乾燥方法と乾燥食品
（A）　乾燥機構
　常圧乾燥時，食品が熱を受けると表面の水分が蒸発し，表面と内部との含水量に差が生ずるので不均衡を平均化しようとして水分は多い部分から少ない部分に移動し，表面が蒸発する．すなわち表面蒸発と内部水分の拡散が関連しあって乾燥が進行する．

12　第1章　基礎的な加工保蔵技術

(B)　乾燥方法および乾燥食品

　食品は化学的成分が複雑に混合し，組織構造が物理的に不均一なものが多く，熱量を加えただけでは化学的変化が進み，色，味，香りなどが変化したり，表面のみが乾燥して時間が長引くこともある．そこで，食品の乾燥は食品の組織の状態，含有成分，濃度などに適した乾燥方法や条件が必要となる．主な乾燥方法は従来の加熱乾燥法以外に噴霧乾燥，被膜乾燥，泡沫乾燥，真空凍結乾燥などがある．

　乾燥効率を高めるためには，水分の蒸発速度を上げることである．それには，温度を上げること，表面積を大きくすること，空気の湿度や空気圧を低下させることなどがあげられる．

　主な乾燥方法および乾燥食品を表1.3に，また主な乾燥機の種類は図1.1に示した．

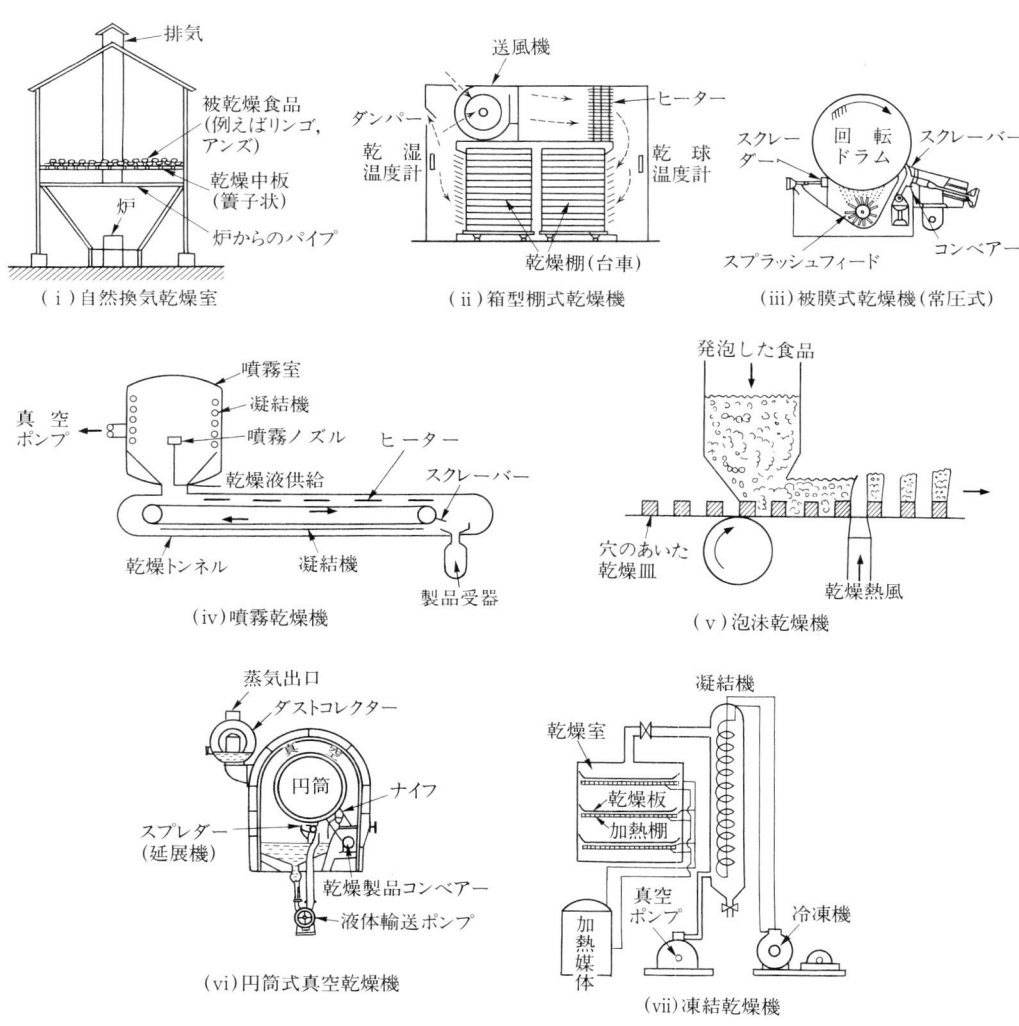

図1.1　主な乾燥機の種類

表1.3 食品の主な乾燥方法と乾燥食品

		食品の乾燥法	乾燥食品
自然乾燥		日干し，かげ干し 操作簡易，経費軽減，時間・労力・場所必要，品質管理困難 自然に乾燥させるので経済的であるが自然条件の影響大 自然の条件に支配され，時間を要し均一に仕上がりにくい欠点がある	干し果実類 干し野菜類 干し魚類 干し芋，干し海草類 乾めん類，穀類
人工乾燥	加圧	加熱―加圧―噴出 爆発乾燥の名称もある．注目されている加工手段．エクストルーダーによる食品の膨化乾燥もここに入る．加圧，加熱状態から急に常圧に戻すため被乾燥食品が乾燥機から爆発的に噴出する	ぽん菓子類 各種スナック食品 組織状タンパク食品
人工乾燥	常圧	自然換気乾燥法 人工乾燥の中で単調な方法： 乾燥機の下部に加熱部を設け，熱の対流換気を利用 熱風（送風通風）乾燥法 熱風を強制的に吹き付けて乾燥．乾燥機の構造や形式から箱型，棚式，通気式，トンネル式，ロータリー式などがある	野菜，果実，魚介類，穀物など各種食品
人工乾燥	常圧	被膜乾燥（ドラム乾燥） 加熱回転ドラムの表面に液状の食品を薄く塗布して乾燥．高粘度のペースト状のものなど表面積を大きくして連続的に乾燥	乾燥マッシュポテト α化デンプン ペースト状食品
人工乾燥	常圧	泡沫乾燥（起泡薄膜法） 粘度の高い液状食品に乳化安定剤（CMC，界面活性剤）や不活性ガス（窒素ガス）を加えて泡沫状にしたのち，多孔質の乾燥皿上にのせ熱風乾燥する方法．被膜形成によって表面積が大きくなり，毛細管現象で速やかに蒸発が促進されるので，低温でも乾燥できる	果汁 牛乳 肉エキス
人工乾燥	真空	真空（減圧）乾燥 乾燥容器内を減圧（4〜50 mmHg）にして乾燥すると，減圧されるため水分は低温（10〜70℃）で蒸発する．常圧で乾燥しにくいものや，品質低下防止のため低温で乾燥したいものに用いる 棚式，攪拌型，回転型，噴霧式などがある	低沸点化合物（芳香成分）
人工乾燥	真空	真空凍結乾燥（フリーズ・ドライング＊FD） 水分を凍結させてから真空乾燥させる方法 食品を急速凍結（−40℃〜−30℃）し，水分（細かい氷結晶）を高減圧下（真空）で，昇華により飛散させて乾燥する方法 低温氷結晶状態で乾燥するので物理的，化学的な品質変化が少ない．その結果，変色，収縮が少なく復水性の高い品質の良い食品を製造することができる	飯，野菜，果実，茶 コーヒー，味噌汁 高級インスタントコーヒー 即席めん具，天然調味料 宇宙食品

(C) その他の乾燥法

加熱媒体がなく，直接乾燥材料に作用する赤外線や高周波を照射する乾燥法がある．赤外線の照射は輻射エネルギーにより，食品の表面温度を下げて乾燥する方法．

高周波では，マイクロ波を照射し，食品の内部から乾燥させる方法で，食品の表面と内部を均一に加熱することができる．

(D) 乾燥食品の貯蔵

湿度の高い（相対湿度 60～90％）わが国では，特に粉末食品などは吸湿して付着し合い貯蔵中に乾燥食品の性質が変ることがある．多孔質になっていると，表面積が大きくなっており，吸湿や酸化反応などが速やかに進む．これを防ぐためには，個々の食品に適した包装材料を選び，乾燥材の封入，真空包装，窒素ガス充填法などを行う必要がある．

1.5 くん煙

現在，くん製食品には水産物（さけ，たら，かきなど），畜産物（ベーコン，ソーセージなど），鶏肉（鶏，七面鳥など），農産物（だいこんなど），その他チーズ，卵など各種のくん製食品が存在する（図1.2参照）．くん煙の歴史は古く，農業や牧畜が始まる7000年～8000年前から使われていた．原始時代，穴蔵の天井からつるした肉や魚が焚火（たき火）の煙で燻（いぶ）され，人類は，原料とは異なり，長持ちができ，さらに好ましい風味が付くことを知り，燻しの利用が始まった．15世紀の始め，外国（英国）ではくん製食品が生産されていたが，日本では食肉が普及した明治維新以降にくん煙技術が導入された．

くん煙は大昔から用いられてきた食品の貯蔵法であったが，最近は，冷蔵，冷凍，真空包装など近代的な保存法が活用されているため，特有の色調やくん煙香を付ける加工法になってきている．

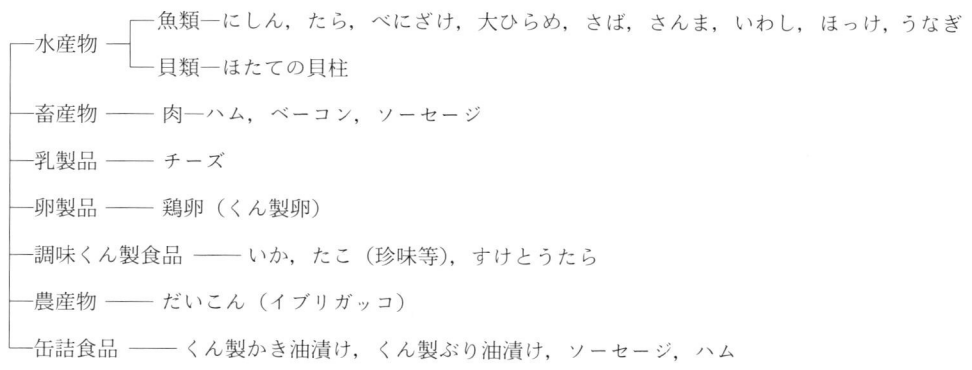

図1.2 主なくん製食品の種類

1.5.1 くん煙材の種類

くん煙材の種類としては，なら（楢），さくら（桜），かし（樫），かえで（楓），ぶななどの堅木材が使われ，日本ではさくらが好まれ，欧米では地方により異なるが，ヒッコリー，ぶな，かば（樺），ポプラなどが用いられている．まつ（松），すぎ（杉）のような軟木材は樹脂が多く，すす（煤）や黒ずみ，不快臭などが生じるので使われていない．くん煙材は一定の煙を長時間持続発生させることが重要であり，おが屑（木粉），チップ（小木），原木あるいはおが屑を固形状に整形したくん煙材が使用されるが，目的やくん煙発生機に対応した種々の形状や大きさのチップが用いられている．

- 固形くん煙材

  おが屑を適当な大きさに固めて成型したスモークウッドが市販されており，蚊取り線香のように点火すれば連続的にくん煙を発生できる．

1.5.2 くん煙成分

くん煙成分は現在300種以上の化合物が同定されている．含有量の多いものは，有機酸類（酢酸，プロピオン酸，酪酸，ギ酸など）で，次にカルボニル化合物（ケトン，アルデヒド，ホルムアルデヒド，アセトアルデヒドなど），さらにフェノール類（グアヤコール，フェノールなど）である．くん煙の主な化合物は表1.4に示した．

表1.4 くん煙の主な化合物

分類	化学成分名
フェノール類（20～30 ppm）	グアヤコールとその4-メチル，4-エチル，4-アリル置換体，フェノール，ピロカテコール，クレゾール
アルコール類	メチルアルコール，エチルアルコール，プロピルアルコール，アリルアルコール
有機酸類（550～635 ppm）	ギ酸，酢酸，プロピオン酸，酪酸，バレリアン酸，
カルボニル化合物　ケトン類（190～200 ppm）	アセトン，ブタノン，メチルブタノン，ペンタノン
アルデヒド類（165～220 ppm）	ホルムアルデヒド，アセトアルデヒド，エタナール，ブタナール，イソブチルアルデヒド，バレルアルデヒド
炭化水素類	ベンゼン，トルエン，キシレン，クメンチモール，ベンズアントラセン

1.5.3 くん煙の原理

なら（楢），さくら（桜），かし（樫）などの広葉樹は樹脂含量が少ないので，この堅木のおが屑（木粉）や小木片（チップ）を不完全燃焼させることにより，くん煙材成分の分解反応，その他の相互反応，酸化反応が進み，各種有機物質などのくん煙成分が発生する．これらから生じた煙やくん煙成分を食品材料に作用させて乾燥させる加工法をくん煙（smoking）という．水分が除かれるとともに水分活性が低下し，くん煙成分（表1.4）は食品に付着し，一部は内部に浸

透して特有の色，香りを与え，保存性や嗜好性が向上する．また塩漬処理の食塩も保存性の向上に関与している．すなわち，くん煙の効果は保存性の向上，風味の付与，色調の好ましい褐色化の付与にある．

1.5.4 保存性に関与する成分

(1) 抗菌性

くん煙成分中の有機酸，フェノール，アルデヒド類は病原細菌や腐敗細菌に対し静菌作用，抗菌作用がある．さらに，くん煙によって食品の表面に，フェノールとホルムアルデヒドの反応による樹脂状の被膜が形成され，一方，アルデヒドとケトン類がタンパク質と反応して被膜を形成する．これらの被膜は保護的に作用し，微生物の汚染の防止や増殖抑制に関与し，保存性が向上する．

(2) 抗酸化性

魚類やベーコン，ソーセージなどのくん製食品は油脂の含有量が高い．しかし，くん製食品は抗酸化性成分があるために一般に酸化されにくい（魚類のくん製食品のEPA，DHAは酸化されにくい）．これはくん煙中のフェノール類が抗酸化性を示すためである．さらに，食品中のアミノ酸やペプチドなどが糖やくん煙成分のカルボニル化合物と反応し，アミノ・カルボニル反応（メイラード反応）が生じ，その生成物が抗菌性を示すものと考えられている．

(3) 嗜好性

くん製食品の特有の風味は次の過程により発現するものと考えられている．まず，くん煙成分が食品に浸透し，次いでくん煙成分と食品成分が反応することにより複合体が生ずる．さらに，くん煙工程中で成分変化が起こり，特有の風味と色調，つやが付与される．くん煙の香りの形成はフェノール類に由来するが，カルボニル化合物，その他の成分が補助的に関与して，より優れた特有のくん香が発現する．くん煙による味はフェノール，カルボニルおよび酸類に由来しているが，香と味を向上させる成分は特にグアヤコール，4-メチルグアヤコール，2・6-ジメトキシフェノールによる場合が高いといわれている．

1.5.5 くん煙法

食品にくん煙成分を付着，浸透させて良質のくん製食品を製造するために従来からあるくん煙で食品を燻す方法がある．その他，速くんや簡便性を目的としてくん液の中に食品を浸漬後，乾燥する方法やくん煙香料を食品に混合する方法などがある．くん煙法を大別すると冷くん法（cold smoking）とよばれる貯蔵を目的とするものと，温くん法（hot smoking）とよばれ調味を主目的とするものがある．ここでは，温くん法をさらに温くん法と熱くん法とに分類した．また，速成の目的で行う液体くん煙法あるいは速くん法などがある．くん煙法の種類とくん製食品を表1.5に示した．

表1.5　くん煙方法の種類とくん製食品

くん煙法	くん煙温度	くん煙時間	乾燥状態	目的・用途（保存期間）	塩含有量	水分量	主なくん製食品
くん煙法	15〜30	1〜3週間	強	貯蔵の向上（1ヶ月以上）	8〜10%	40%以下	ドライソーセージ スモークサーモン
温くん法 温度中温法 温くん高温法	30〜80 30〜50 50〜80	2〜12時間	中〜弱	調味の向上（風味良好）（4〜5日）	2〜3%	50%以上	ボンレスハム ソーセージ 加熱を必要とする製品
熱くん法	120〜140	2〜4時間	弱	調味の向上（早めの消費）		水分含量高い	ヒメマス スペアリブ（蒸煮状態）
液くん法（速くん）	木酢液など人工的くん煙成分添加又はくん煙	短時間	無乾燥	調味の向上			

＊　温度域はあくまでも目安で，湿度，温度，時間は製品の種類や大きさ，装置により差がある．

1.6　殺菌・滅菌

　食品原材料の動植物は収穫されたり，ト殺されたりした時点ですでに細菌などで汚染されている．原材料は加工や流通の過程でさらに汚染される．そこで，食品の劣化を防止して食品の保存性を高めるためには殺菌，滅菌，静菌などの方法がとられている．微生物の死滅の程度によって消毒（病原菌を死滅，感染症の防止），殺菌（目的に対応して問題のない範囲まで菌数を減少させる），滅菌（食品，器具などのすべての微生物を死滅させる）という言葉が用いられており，一般的には漠然とした言葉として使われている場合が多い．

　殺菌は，食品に発育しうる変敗原因菌や病原性微生物を対象とした殺菌条件による殺菌である．すべての微生物を完全に殺滅していない．

　滅菌は，一般の殺菌より高温の熱処理を行い，食品や器具などに付着している胞子形成細菌を含めたすべての微生物を完全に殺滅するか，または除菌操作によってすべての微生物を完全に無菌状態にする方法である．したがって，滅菌した食品は二次汚染がない限り微生物による劣化は受けない．

　静菌は，微生物の増殖を抑制する方法である．活動，増殖は抑えられるが，死滅には至らない拮抗性物質の一つの作用型をさしている．しかし，静菌剤が長時間作用すると死滅に至る場合もある．

　殺菌方法は，加熱殺菌と冷殺菌に大別されるが，食品の加工・保存では大部分が加熱殺菌である．また，滅菌も限外ろ過などにより菌を除き無菌にする方法もあるが，主には殺菌による．冷殺菌には，紫外線殺菌（水，空気などの殺菌），放射線殺菌（γ線＜ジャガイモの発芽抑制の

み＞，x線，電子線等）などがある．

1.6.1 殺菌法

食品を腐敗させる最大の原因は微生物の繁殖によるため，それを殺菌することにより保存性を高める方法である．

（A） 加熱殺菌方法（Pasteurization）

（a） 低温殺菌（100℃以下の殺菌）（low temperature long time-LTLT-pasteurization）

100℃以下の加熱殺菌は湯殺菌で行われ，低温長時間殺菌，保持殺菌）といわれている．60〜80℃で30分間（62〜65℃，30分間）の処理方法であり，病原菌を死滅させるには十分であるが，耐熱性のある細菌胞子などは生存する．冷蔵しても長期保存には適さない．しかし，酒やしょうゆのように微妙な香りをもち，アルコール，食塩，酸のような保存性のある物質およびビールのアルコールと炭酸ガスは微生物の生育を抑制するが，このような物質を含むような食品などの殺菌に適している．また，ジュース類，果実缶詰などの殺菌にも用いられている．殺菌温度が低く，殺菌時間が短いほど食品の品質劣化は少ない．殺菌条件は原料によって，温度や時間が異なり，pHが特に関係する．pH 4.0以下の食品では65℃，pH 4.5以上の食品は100℃以上の加熱殺菌が必要である．

> ● パスツリゼーション
> 　ワインの保存が低温殺菌で行えることを初めて発見したルイ・パスツールの名にちなんで，パスツリゼーションとよばれている．

（b） 高温殺菌（100℃以上の殺菌）（processing sterilization）

一般に高圧釜（レトルト）が用いられ，110〜120℃で10〜30分間殺菌される．水産物，畜産物，野菜類の缶詰などの缶・瓶詰はほとんどが高温殺菌である．

（c） 高温短時間殺菌〔high temperature short time（HTST）-sterilization〕

高温殺菌は100℃以上の加熱による殺菌で，耐熱性の大きい細菌胞子の滅菌もできる．高温で長時間の加熱よりも，高い温度で短時間加熱する方が品質の劣化も少ない．pH 5.5以上，水分活性0.94以上の食品の滅菌では，食品の中心温度は一般には120℃，4分間の高い短時間殺菌が基準になっている．

（d） 商業的殺菌（commercial sterilization）

一般に食品中では，すべての微生物が発芽，生育するとはかぎらず，食品成分などの条件によって特定の菌のみが繁殖し，これが食品の変質や腐敗の原因となる．胞子を形成しない病原菌や腐敗菌は耐熱性が弱く，60℃，30分間程度の加熱で死滅する．ところが，耐熱性の芽胞を形成するボツリヌス菌はpH条件により異なるが低酸性では耐熱性が強く，高温の熱処理（120℃，

4分間以上）が必要である．（食品衛生法では加熱殺菌条件の指標としてボツリヌス菌が用いられている）

缶詰や瓶詰などの加工時に，長時間の加熱は品質が低下し，商品的価値を失うのでボツリヌス菌のような耐熱性の芽胞（胞子）やその食品に発育しうる腐敗原因細菌のみを対象として殺菌条件が選ばれる．これを商業的殺菌という．腐敗原因菌は存在していないので常温で保存可能で，流通中も変敗，腐敗は起きない．

（e） 超高温瞬間殺菌（滅菌）〔Ultra High Temperature（UHT法）〕

120〜140℃で1〜5秒間，滅菌の場合は135〜150℃，0.5〜1.5秒間，高温短時間殺菌より高い温度で数秒間加熱する方法を超高温瞬間殺菌といい，無菌充填包装の長期保存乳（long life milk：LL牛乳），果汁の殺菌に用いられ，常温で3ヶ月間以上の保存ができる．殺菌効果が高く，成分の変化が少ないため，牛乳や飲料の殺菌は大部分この方法を用いている．しかし，開封すると再び汚染され，腐敗する危険性がある．

1.6.2 滅　菌　法（sterilization）

すべての微生物を殺菌し，完全包装をして長期間貯蔵可能にする方法である．食品を高温処理する場合，殺菌あるいは滅菌のどちらを選ぶかは食品のpH，成分内容など食品の種類により異なる．食品を滅菌するには次のような強い処理が必要となる．

1) pH 7程度の食品： 110〜150℃，10〜60分間処理
2) pH 5以下： 90〜100℃，10〜30分間の処理
3) LL牛乳（long life milk）： 135〜150℃，1〜3秒間の処理，常温2〜3ヶ月保存可能

1.7 缶詰・瓶詰

1.7.1 缶詰食品について

缶詰とは，ブリキ，スチール，アルミニウムなどの金属容器に加熱調理した食品を詰め，脱気した後に密封し，高圧加熱殺菌した製品のことをいう．缶に食品を詰めて密封しただけのものは缶入りで，缶詰とは分類上異なる（日本農林規格により定められている）．缶詰食品は，密封，加熱殺菌された食品であることから保存性に優れており，中身の食品によって多少異なるが，通常1～3年間は保存できる．

- **缶詰食品の歴史**

  フランス人ニコラ・アペールは，ガラス瓶に食品を詰めてコルク栓で密封し，加熱殺菌を行い，脱気後，完全密封する食品保存法を1804年に完成させた．これが缶詰の原理の誕生で，アペールはこの研究によって当時フランス皇帝であったナポレオンから懸賞金を授与された．この原理を応用した缶詰の誕生は，1810年イギリスでピーター・デュランがブリキ缶などの容器について特許を得たことに始まる．缶の密封はすべてハンダ付けによって行われていたが，1896年アメリカのチャールズ・M・アムスは缶の巻締部分に使用するシーリングコンパウンドを完成させ，アムスはこれで作った缶をサニタリー缶と名付けた．今日でも食品の缶詰容器として使用する金属缶をサニタリー缶と称している．

(A) 金属缶の構造・素材・種類

(a) 金属缶の構造

缶詰に使用される大部分の金属缶は図1.3に示すようなオープントップ式二重巻締缶とよばれるもので，缶胴，缶ぶた，缶底から構成され3ピース缶ともよばれる．また金属板を打ち抜いて缶胴と缶底が一体化した2ピース缶もある．最近では，缶ぶたがワンタッチで簡単に開放できるイージーオープン缶がしばしばみられる．缶ぶたには通常，3重のエキスパンションリングとよばれる加圧・減圧に対する缶ぶたのひずみを緩和するためのスプリングの役割を果たす構造が施してある．

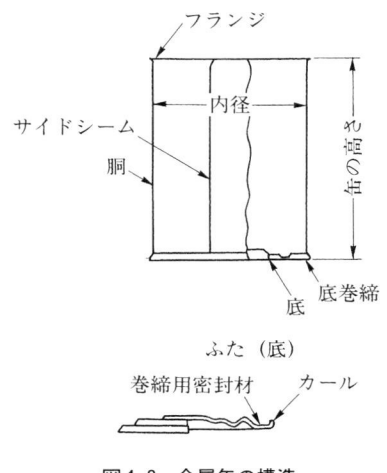

図1.3 金属缶の構造

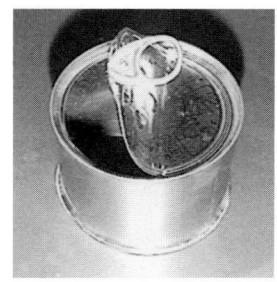 

図 1.4　イージーオープン缶（左）フルオープン型，（右）パーシャルオープン型

（b）　金属缶の素材

缶詰に使用されている金属の素材はスチール（鉄）あるいはアルミニウムである．これらの素材は内容物と反応して変色や異臭の原因あるいは人体に悪い影響を及ぼさないよう，通常は表面にメッキをし，更に内容物の性質に合った塗装を施してある．従来は金属素材として錫（Tin）メッキをしたブリキがほとんどあったことから Tin Can と称した．しかし，近年では錫の代わりに薄いクロムメッキを施した Tin Free Steal（TFS）を使用したティンフリースチール（TFS）缶が普及している（図 1.5）．アルミニ

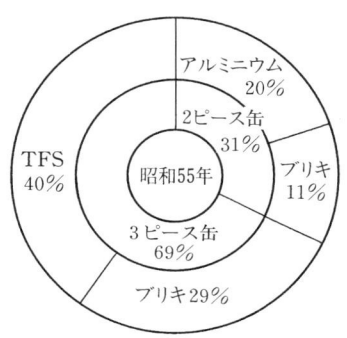

図 1.5　金属缶の素材構成

ウムは低価格で，加工性がよく耐食性にも優れているが，低 pH で塩素イオンを含む溶液中では溶解が局部的に進行するので，塩分を含む酸性飲料や食品には限界があり内面塗装を施して使用する必要がある．ブリキ缶は，従来は無塗装で用いられてきたが，魚介類の一部は含硫アミノ酸を多く含み，錫や鉄と反応して黒変が生じることから内面塗装が必要である．また，TFS 缶はブリキ缶のように素地鋼や食品に対しての保護機能を有していないので，使用にあたっては塗装されていることが前提となっている．

表 1.6　缶内面塗装の種類

種　類	塗装の有無	備　考
白　　　缶		果実缶詰に多く用いられる．
ラッカー缶	○	ジャムなどの変色防止に使用．
C*-エナメル缶	○	コーン，かに缶など含硫化合物の多い食品に使用．酸化亜鉛末を含ませたエナメルで塗装．
P T F 缶**	○	ジュース類に使用．缶内面に純スズ層を一部露出させ，適量のスズイオンを溶出させるようにしたもの．
二重塗装缶	○	ビールなど，とくに風味の変化を嫌うものに使用．ラッカー缶を製缶後，さらにビニール系塗料で塗装．

＊C：Corn の略，最初スイートコーン缶詰に使用された．
＊＊PTF：Pure Tin Fillet.

(c) 金属缶の種類

金属缶には用途によっていくつかの形態があり，丸缶，角缶，だ円缶（オーパル缶），鉢形缶などに分けられる．多くは丸缶が使用されているが，ウナギ蒲焼缶には角缶，イワシの味付缶にはオーパル缶，コンビーフ缶には鉢形缶が使用されている．それぞれの缶形の大きさ（内容積）は号数で表され，号数が大きくなるほど内容積は小さくなっていく．つまり，各缶形での1号缶が最も内容積の大きいものである（表1.7参照）．

表 1.7 代表的な空缶の寸法および内容積

缶　型	内径 (mm)	高さ (mm)	内容積 (ml)	缶　型	内径 (mm)	高さ (mm)	内容積 (ml)
1　　　号	153.5	176.8	3,090.5	小　型　2　号	52.3	52.7	101.7
2　　　号	99.1	120.9	872.3	マッシュルーム1号	52.3	56.5	102.8
3　　　号	83.5	113.0	572.7	マッシュルーム2号	65.4	69.2	210.7
4　　　号	74.1	113.0	454.4	マッシュルーム3号	74.1	95.3	379.3
5　　　号	74.1	81.3	318.7	マッシュルーム4号	83.5	142.3	732.0
6　　　号	74.1	59.0	223.2	果　実　7　号	65.4	81.3	249.3
7　　　号	65.4	101.1	318.2	3　号　た　て	83.5	158.2	—
特　殊　7　号	65.4	76.0	231.2	2　号　ポケット	99.1	33.3	212.1
8　　　号	65.4	52.7	152.5	3　号　ポケット	83.5	30.3	125.3
さ　け　4　号	74.1	118.6	479.6	7　号　ポケット	65.4	23.8	66.0
平　　1　　号	99.1	68.5	468.2	だ　円　1　号	{158.9 / 106.7}	38.5	448.2
平　　2　　号	83.5	51.1	240.5	だ　円　3　号	{125.7 / 83.0}	31.5	225.2
平　　3　　号	74.1	36.0	125.9	アスパラ角1号	{86.0 / 73.5}	158.5	934.3
さ　け　2　キ　ロ	153.5	109.0	1,876.0	角　3　号　B	{106.2 / 74.6}	22.0	120.9
か　に　1　号	99.1	71.7	493.7	角　3　号　D	{106.2 / 74.6}	52.0	223.0
か　に　2　号	83.5	55.9	265.2	角　3　号　E	{106.2 / 74.6}	29.0	173.7
か　に　3　号	74.1	39.2	138.6	角　5　号　A	{103.4 / 59.5}	30.0	135.0
ツ　ナ　1　号	99.1	59.0	396.6	角　5　号　C	{103.4 / 59.5}	19.0	71.7
ツ　ナ　2　号	83.5	45.5	208.9	角　7　号　A	{97.6 / 46.0}	30.0	97.7
ツ　ナ　3　号	65.4	39.2	108.9	角　7　号　C	{97.6 / 46.0}	20.0	61.0
ツ　ナ　1　キ　ロ	153.5	59.8	950.0	角　8　号	{122.2 / 74.8}	32.4	233.2
ツ　ナ　2　キ　ロ	153.5	113.8	1,959.1	角　9　号	{138.7 / 81.5}	31.5	282.8
ツ　ナ　2.5　キ　ロ	153.5	127.5	2,203.9	18　リットル	{234.4 / 234.4}	349.0	19,319.9
小　型　1　号	52.3	88.4	175.7				

（注）高さはふた巻締缶の寸法を表す．

(B) 缶詰の脱気・密封・殺菌

缶詰を製造する工程での脱気，密封，殺菌は缶詰食品の保存性を高める重要な因子の一つである．これらの工程のどの一つが不完全な場合でも，製造や流通段階で缶内が腐食し，空気や微生物が入り腐敗や品質低下の原因となる．

(a) 脱　気

缶詰を製造する際に食品中のガスあるいは容器内に封入される空気を除去することは重要な意義をもっている．缶詰製造における脱気とは缶に食品を詰め密封する前に脱気箱の中を通過させる意味をもっているが，脱気には他にも方法があるので，それについても説明する．まず，脱気の目的をあげると，1) 金属缶内面の腐食を防止する，2) 内容物の酸化（色，香味，栄養成分）を防止する，3) 加熱，冷却時における缶のひずみ（スプリンガーまたはフリッパー現象）を防ぐ，4) 殺菌中の熱伝導をよくする，5) 固形物の容積を落ち着かせる，6) 製品の賞味期間を長くするなどがある．また実際に製品を脱気する方法としては，1) 加熱脱気法，2) 熱間充填による脱気法，3) 真空脱気法の三つがある．

(b) 密　封

金属缶の密封は二重巻締機（シーマー）が使われる．缶ぶたのカール部分に塗布されたシーリングコンパウンドを缶胴のフランジに合わせ，包合圧着させ密封を得る．巻締機にはいろいろな形式があるが，基本的には図1.6に示すようにリフター，チャック，巻締ロールの3要素からシーミングヘッドが構成される．野菜，魚介類，畜肉などの一般缶詰用として最も普及しているのはシーミングヘッドが真空室内にあり，真空脱気しながら巻締を行う真空巻締機（バキュームシーマー）である．これに対して，常圧下で巻締するタイプのものは非真空式シーマーまたは常圧巻締機という（図1.7）．

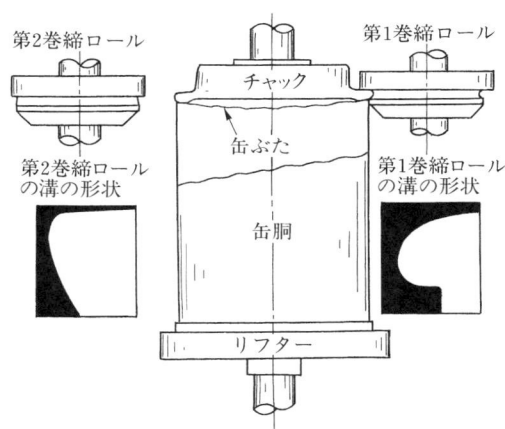

図1.6　シーミングヘッド

図1.7 真空巻締機（左），常圧巻締機（右）

（c）殺　菌

　缶詰食品の保存性を高めるためには，密封した後に殺菌を行う必要がある．缶詰食品を殺菌する場合，食品に付着した有害微生物を熱により可逆的に不活性化する加熱殺菌（商業的殺菌）が用いられる．これは，単に微生物の殺滅を目的として高温で長時間の加熱処理を行えば風味が損なわれ，またビタミンなどの栄養素の損失も大きくなるからである．したがって，食品の加熱殺菌処理は過度にならないよう注意しなければならない．缶詰食品の加熱殺菌処理には1) 低温殺菌法，2) 熱間充填法，3) レトルト殺菌法，4) 火炎殺菌法，5) 無菌缶詰法があるが，どの方法を選択するかは，その食品の物理的性質（固形物，液体，ペースト，混合物），化学的性質（pH，糖度など），容器によって異なる．

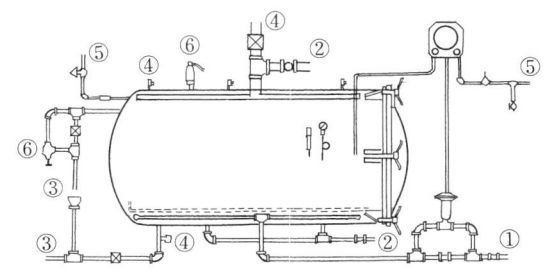

手動弁：○玉形弁　☒仕切弁
①蒸気　②水　③排水口，オーバーフロー
④ベント，ブリーダー　⑤空気　⑥安全弁，減圧弁

図1.8　静置式レトルト（米国缶詰協会，1975）

(C) 缶マーク

缶瓶詰食品は，食品としての安全性を保証するために日本農林規格（JAS）や食品衛生法などいくつかの法律で内容表示をすることが義務づけられている．表示内容としては，1) 品名，2) 形状，3) 果肉（果粒）の大きさ，4) 内容個数，5) 原材料名，6) 固形量，内容総量または内容量，7) 賞味期限（品質保持期限），輸入品の場合は輸入年月日，または製

原材料名，調理方法，形態
賞味期限
製造会社略号

図1.9　缶マーク

表1.8　主に使用される缶マーク

第1．2字……原料の種類				第3字……調理方法	
原料名	マーク	原料名	マーク	調理方法	マーク
たけのこ	BS	ぶどう（マスカット）	GU	（水産）水　　　　煮	N
ふ　　き	BR	フルーツみつ豆	RM	味　付　け	C
に　ん　じ　ん	CT	フルーツサラダ	RX	塩　水　漬　け	L
れ　ん　こ　ん	LN	パイナップル	OR	ト　マ　ト　漬　け	T
グリンピース	PR	牛　　　　肉	BF	オリーブ油漬け	O
〃（乾燥もどし）	PM	馬　　　　肉	HF	く　ん　せ　い	S
シュガーピース	PA	馬　肉　混　合	HB	か　ば　焼　き	K
まつたけ	MT	鶏　　　　肉	CK	（果実）全　　　　糖	Y
な　め　こ	NO	豚　　　　肉	PK	併　　　用	Z
マッシュルーム	MS	ソーセージ	SG	固　形　詰	D
ト　マ　ト	TM	ハ　　　　ム	HA	ジュース	JU
アスパラガス（ホワイト）	AW	たらばがに	JC	ジ　ャ　ム	JM
スイートコーン（黄）	CN	さ　　け	CS	ゼ　リ　ー	JJ
〃　（白）	CM	ま　す	PS	（そ菜）（食肉）水　　　　煮	W
み　か　ん	MO	ま　ぐ　ろ	BT	味　付　け	C
夏みかん	OS	か　つ　お	SJ	第4字……形・大小	
も　も（白）	PW	さ　　ば	MK	形，大小	マーク
〃（黄）	PY	い　わ　し	SA	（水産）かき，大小	LMST
び　　わ	LT	さ　ん　ま	MP	いわし，さんま，あじ 大小	GLMS
り　ん　ご	AL	あ　じ	HM	（果実）一　般，大小	LMS
あ　ん　ず	AO	い　か	CH	〃　四ツ割り	T
い　ち　じ　く	CA	くじら（赤肉）	WP	〃　スライス	：
く　　り	CP	え　　び	PN	（そ菜）たけのこカット	・
桜　　桃	CR	あ　さ　り	BC	〃　スライス	：
洋なし（バートレット）	BP	赤　　貝	BL	〃　ハーブス	H
和　な　し	JP	か　　き	OY	〃 節のみホール	O

造年月日（旧法），8）使用上の注意，9）輸入品の場合は原産国名，10）製造者または販売者（輸入業者）の名称および所在地，の10点である．このうち原材料，調理方法，形態2），3），5），7），10）の一部は缶ぶたに凹凸刻印または見やすい箇所に不滅インクで3段標記されており，これを缶マークと称している（図1.9）．上段は原材料名，調理方法，形態，中段は賞味期限の略式西暦，下段は製造会社の略号となっている．その他の事項については通常ラベルに記載されている．（表1.8参照）

1.7.2 瓶詰食品について

瓶詰食品は耐熱性の瓶に入れ，密封後，加熱殺菌を行った保存食品である．製造工程（原料—調整—肉詰（充填）—注入—脱気—密封—殺菌—冷却—製品）は肉詰から殺菌に至るまで，缶詰とほぼ同様の工程で製造される．そこで，本項は瓶詰の特徴その他について解説する．

（A） 瓶詰の特徴

（a） 瓶詰の長所

1) ガラス瓶は透明なため，内容量が外から透視できる．（広口瓶：ジャム，マーマレード果実）
2) 瓶容器は金属缶より化学的に安定であり，化学反応を起こさないので腐食，缶臭も生じない．〔細口瓶：調味料（酢，ごま油，オリーブ油），飲料（ラムネ，炭酸飲料，果汁飲料）〕

などがあげられる．

（b） 瓶詰の短所

1) 衝撃に弱く，破損しやすい．
2) 光の透過により，内容物が退色，変色しやすい．
3) 重量があり重い．
4) 密封（不完全），殺菌が容易でない．
5) 熱伝道度が低く，温度の急変によっても破損しやすい．
6) 加熱，殺菌，冷却，運搬の際は十分注意が必要である．

などがあげられる．

最近，破損時の破片，飛散の防止や，重いなどの欠点を補うためにガラスの肉厚を減らし，プラスチックでコーティングしたガラス容器が利用されている．また，内容物が光りの影響を受けやすいものは，褐色に着色した瓶などが使用されている．

（B） 瓶にふたを密封する形式

広口の瓶詰食品は，広口のガラス瓶にブリキのふたをかぶせゴム質のパッキングで密閉されており，瓶の密封形式は次の3種が多く使用されている．

1) メーソン瓶：瓶のふたと瓶の口にネジヤマがあり何回かねじることによって，ふたの内側にあるパッキングにより密封される．

2) ツイストオフ瓶：瓶のふたの4箇所からつめがでており，それが瓶の急傾斜のラセンに食い込み，円周の4分の1ほど回すことにより開閉ができる．
3) ケーシー瓶：直径の大きな王冠が瓶のふたになったようなもの．パッキングがついているが小口径の瓶は王冠の内面全体にコルクがついている．王冠

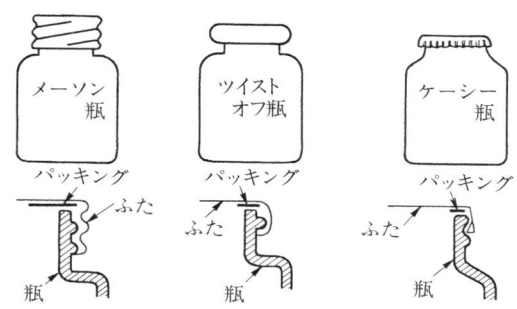

図1.10 瓶にふたをする形式

打栓機についている波型のひだが狭められ，瓶の溝に波型の内側の部分が接してふたを固定すると同時にパッキングで密封する．また，瓶の口径の小さいものは王冠で密封する．このようなものには液体用瓶詰が多く，酒，しょうゆ，サイダー，コーラ，ビールなどがある．

(C) 瓶詰のキャップの種類

王冠で密封したものの他に，次のようなキャップの種類がある．
1) アルミのテアーオフキャップ：タブ（つまみ）を引っ張るとスコア（切れ目）に沿ってふたの下端が約半周ほど外れるために開封できる．
2) ハネックスキャップ：ふたに付属の帯金を引き上げて開封する（飲料瓶，めんつゆ）．めんつゆなどは開封後にプラスチックキャップで栓ができるようになっている．
3) アルミのPPキャップ（ピルファー・プルーフ・キャップ）：改ざん防止包装の具体例の一つで，一度開封するとブリッジといわれる部分が破断してキャップの下部が切れ，証拠が残ってしまう．

図1.11 瓶キャップの種類
（左からメーソン瓶，ツイストオフ瓶，テアーオフ瓶，ハネックス瓶，アルミPP瓶）

また，悪戯防止のためのシュリンク包装などがなされているキャップもある．これはキャップのまわりにプラスチックシートやアルミニウム箔などを巻きつけた包装で，開けるとシール部分に開封した痕跡が残る．

1.8　レトルト食品

1.8.1　レトルトパウチ食品

　レトルト食品は利便性から市場に多く出回っている．レトルト食品は高圧殺菌釜を利用した食品のことで，狭義にはレトルトパウチ食品を指し，次のような条件を備えている．包装材料は高分子プラスチックフィルムを主体とし，用途に応じて金属箔（アルミニウム，スチール）をラミネート（張り合わせ）したフィルムを用いたレトルトパウチ（耐熱性袋容器）を使用し，レトルト（高圧釜）殺菌装置により，中心温度120℃，4分間以上（通常120〜150℃）の加熱殺菌をする．このことにより製品は常温で保存可能である．

　広義のレトルト食品としては，レトルトパウチ食品（ラミネートしたフィルムによる耐熱性袋容器：調理済み食品，食肉・水産加工品，その他），レトルト容器食品（トレー状の容器：調理済み食品，食肉・水産加工品，液状食品），レトルトパック食品（食品をプラスチックフィルムに詰め両端をアルミワイヤーで密封）がある．

1.8.2　食品包装材としてのプラスチックの特性

　高分子プラスチック（ポリエチレン，ポリプロピレン，ポリエステルなど）は軽量，透明，可塑性があり，比較的低温で各種の形に成型可能，密封が容易などの特色のほか，性状の異なるプラスチックとプラスチック，プラスチックと紙，あるいはアルミ箔を張り合わせ，いわゆるラミネートすることにより個々の欠点を補い，優れた包装材料としても利用可能である．

　レトルトパウチ食品の袋は，レトルト殺菌すなわち110℃〜150℃の加熱に耐え，光，酸素，水蒸気を遮断して食品の品質劣化を防止できることが必要である．そのため，レトルト殺菌の可能なプラスッチク主体の耐熱性袋容器や成型容器が使われる（詳細はp.98，99参照）．

【資　　料】
食品の規格と表示制度

1. 表示の拠りどころ

食品に関する規格基準または関連する法律，省令，基準（ガイドライン）などは，その目的により各省庁が所管し遂行している．主なものをあげると，表1.9のとおりである．

表1.9　加工食品に関する主な規格・表示制度

法律・制度名	所轄省庁等	目的・内容等
農林物資の規格化および品質表示の適正化に関する法律（日本農林規格，JAS法）	農林水産省（法律）	品質の保証（任意）品質表示の適正化（義務）
地域食品認証制度（ミニJAS）	農林水産省（通達，任意）	地域食品の品質の向上
新食品等品質表示ガイドライン	農林水産省（通達，任意）	新食品の品質表示の適正化
食品衛生法	厚生労働省（法律，義務）	食品の安全性の確保
健康増進法	厚生労働省（法律，義務）	国民の保健の向上
不当景品類および不当表示防止法（景品表示法）	公正取引委員会（法律，義務）	不当表示等の防止
計量法	経済産業省（法律，義務）	適正な計量の確保
資源の利用の促進に関する法律	7省共管（法律，義務）	再資源の利用の促進

2. 主な規格制度と表示制度

2.1　農林規格（JAS規格）

（A）　JAS規格制度

「JAS」とは日本農林規格（Japan Agricultural Standard）の略称であり，現在では制度全体を表す言葉として使われ，個々の物資についての日本農林規格はJAS規格とよばれている．

JAS規格制度：　製品がJAS規格に適合しているかどうかを検査し，合格した製品にはJASマークを付けることができる．表示の基準としては，加工食品は一括して枠内に品名，原材料名，内容量，賞味期限，保存法および製造業者名を表示することが定められている．この制度は任意制度であり，格付けを受けるかどうかは製造業者の自由意志によるので，この規格が制定されている食品にJASマークが付いていない場合もある．

JAS改正により平成12年4月からすべての食品を対象とした品質表示基準が定められ表示の充実強化が図られた．さらに，有機食品についても検査認証・表示制度が設けられ，適正な「有機」表示が行われるようになった．

平成14年6月14日付でJAS法の一部改正が行われ，公表の弾力化および罰則の強化がなされた．

(B) 特定JAS規格制度

　特定JAS規格制度は，加工食品，林産物などの品質全般についての品質を保証する一般のJAS制度とは異なり，特別な生産方法や特色ある原材料に着目した商品のためのJAS規格である．これは，地鶏肉，熟成ハム，有機農産物などの特別な生産方法による食品の表示内容に統一的基準が無く，表示が不明確で，消費者，生産者に制度の整備が必要となったためである．第1号は「熟成ハムなど」（平成7年12月），「地鶏肉」（11年6月），「有機農産物および有機農産物加工食品」（12年1月）が制定された．6品目が定められており，特色ある品質を保証する特定JASマークの付いた商品が市販されている．

 手延べそうめん類

 食用植物油脂
（格付機関名は、格付機関が格付を行った場合にのみ記載される）

特定JASマーク
 熟成ハム類
熟成ソーセージ類
熟成ベーコン類
地鶏肉

 有機農産物
有機農産物加工食品

食料缶詰・ハム・ソーセージ等

即席麺・炭酸飲料・風味かまぼこ等

図1.12　JASマーク

(C) 品質表示基準制度

　包装された加工食品など外観から品質を識別することが困難なものが多く，消費に「わかりやすい表示」が望まれている中で，JASマーク製品は一定基準以上の品質が保証されており，表示も適正に行われているので消費者の商品選択に便利である．しかし，JAS規格制度は任意な制度なので，JAS規格制定品であってもJASマークを付けていないものがある．そこで，JASマークがついていない商品でも，その品目に関する表示について守るべき基準が定められている．

　これまでは，1）JAS規格が制定されている農林物資，2）JAS規格の制定が困難である農林物資（日配品，青果物）で一般消費者が購入の際に品質を識別するのが困難なものについて品質表示基準を定め，製造業者等に表示を義務付けてきた．しかし，最近の食品に対する消費者の関心の高まりから，品質選択の目安となる情報を正確に伝える必要があり，平成11年のJAS法改正により一般消費者向けのすべての飲食料品につて品質基準が定められ，製造業者等に表示が義務付けられた．

(D) 賞味期限と消費期限

「賞味期限」とは、「すべての品質が十分に保持される期限」を示し、品質が保たれる期間が5日を超える品質の変化が比較的穏やかな食品に表示される。

「消費期限」とは、「飲食可能な期限（食べられる期限）」を示しており、品質が保たれる期間がおおむね5日以内の品質の劣化が早い食品に表示される。

その他に「品質保持期限」の表示があったが、これは平成15年の食品衛生法施行規則などの改正により「賞味期限」に統一された（平成15年7月施行・公布、平成17年7月末日まで経過措置）。

「賞味期限」： おいしく食べられる期限

「消費期限」： 衛生上、安全に食べられる期限

表 1.10 期限表示に関する定義

	食品衛生法	JAS法	食品衛生法	JAS法
表示対象（概念）	製造または加工日を含めておおむね5日以内の期間で、品質が急速に劣化しやすい食品に表示		期限表示を表示する食品であって消費期限を表示する食品以外の食品に表示	
改正後の定義	消　費　期　限		賞　味　期　限	
	定められた方法により保存した場合において、腐敗、変敗その他の品質の劣化に伴い安全性を欠くこととなるおそれがないと認められる期限を示す年月日をいう		定められた方法により保存した場合において、期待されるすべての品質の保持が十分に可能であると認められる期限を示す年月日をいう。ただし、当該期限を超えた場合であっても、これらの品質が保持されていることがあるものとする。	

＊平成15年7月施行・公布、平成17年7月末日まで経過措置

注　農水省資料による

賞味期限（品質保持期限）の表示例

		西暦			和暦		
2000年1月1日までの場合	2000.1.1	00.1.1	000101	平成12年1月1日	12.1.1	120101
2003	〃	2003.1.1	03.1.1	010101	平成15年1月1日	15.1.1	150101
2005	〃	2005.1.1	05.1.1	020101	平成17年1月1日	17.1.1	170101
2007	〃	2007.1.1	07.1.1	030101	平成19年1月1日	19.1.1	190101

00　01　01
↑　　↑　　↑
年　　月　　日

(E) 保存方法の表示

食品の保存期間は，保存方法により大きく異なるため，「10℃以下で保存」，「直射日光を避けて保存」など保存方法についても原則として表示が義務付けられている．

表1.11 表 示 例

品　　名	こいくちしょうゆ（本醸造）
原材料名	脱脂加工大豆・大豆・小麦
	食塩・アルコール
	内容量　1L
賞味期限	平成16年4月
保存方法	直射日光を避けて常温で保存すること
製 造 者	○○食品株式会社
	東京都千代田区霞ヶ関1－2－1

注　「賞味期限」は「品質保持期限」と記載することができる．

(F) 遺伝子組換え食品の表示

遺伝子組み換え農産物を使っている場合は，「遺伝子組換え」．遺伝子組み換え農産物と遺伝子組み換えでない農作物が分別されていないものを使っている場合は「遺伝子組み換え不分別」といった表示が義務付けられる．

第 2 章　品質試験と官能検査

2.1　品 質 試 験

2.1.1　総　酸　量

　食品中には，酢酸，クエン酸，乳酸，コハク酸，リンゴ酸，フマル酸などの有機酸や遊離アミノ酸，脂肪酸，無機酸など様々な種類の酸性物質が含まれている．これらの酸の大部分は遊離型で存在しており，その総量を総酸と称している．総酸は官能的に酸味として評価されるだけでなく，清涼感や味の「濃さ」に影響を及ぼすことから重要な成分の一つである．食品の総酸量を求めるには，フェノールフタレインを指示薬としてアルカリ規定液で中和滴定する方法が一般的であるが，色素や緩衝作用により終点を判別するのに困難なものもある．このような食品では，pHメーターや電位差測定装置を用いて総酸量を測定する．測定した総酸量は試料中に含まれる主な有機酸の量に換算して示されることが多い．

（A）　測定方法

　液体試料の場合はそのままか適当に希釈したもの，固体試料の場合は熱水でホモジナイズし，遠心分離やろ過により抽出液を調製して測定に用いる．試料を三角フラスコまたは磁性皿に入れ，フェノールフタレイン指示薬を2〜3滴加えて力価既知の水酸化ナトリウム（0.1〜0.5 mol/L）で滴定する．終点は，微紅色が約30秒間消失しない点とする．総酸量は，食酢では酢酸，ぶどうは酒石酸，りんご，なしはリンゴ酸，その他の果汁ではクエン酸，ヨーグルトおよび乳酸菌飲料では乳酸として質量％で表示する．

（a）　使用器具および試薬

① 天秤　② ビーカー　③ 三角フラスコ　④ ビュウレット　⑤ 薬サジ
⑥ 水酸化ナトリウム（0.1〜0.5 mol/L）　⑦ 0.1％フェノールフタレイン

（b）　計算方法

　総酸量（％）は以下の計算式により求められる．

$$総酸量（％）= A \times T \times F \times V_0 / V_1 \times 100 / S$$

A：0.1 N–NaOH 1 ml に相当する有機酸量（g）

（酢酸＝0.0060 g，リンゴ酸＝0.0067 g，酒石酸＝0.0075 g，

クエン酸＝0.0064 g，乳酸＝0.0090 g）

T：0.1 mol/L–NaOH の滴定値（ml）

F：0.1 mol/L–NaOH の力価

V_0：試料の総液量　　　V_1：試料採取液量
S：試料量（g）

2.1.2 糖　度（糖用屈折計による測定）

糖度は，食品中のショ糖含有量を質量％で表したものでる．ショ糖液の屈折率，旋光度あるいは密度を測定してショ糖濃度を算出する方法がある．糖用屈折計の目盛り〔Brix（％）〕は，ショ糖液 100 g 中に含まれるショ糖の g 数を示したものである．光が粗な媒質から密な媒質（空気から液体）へ進むとき屈折することを利用した光学測定機器で，プリズム面に試料溶液を塗布して採光板を閉じ，接眼鏡をのぞくとショ糖の質量％が示度として読める．単純ショ糖溶液を測定する場合は，目盛りがそのまま正確な糖度となるが，光の屈折は，糖以外に食塩，アミノ酸，アルコールなどの水溶液でも濃度に比例して屈折率が生じるため，これらを含む混合液では糖度といっても実際には可溶性固形分全体の濃度を示している．

また，手持屈折計は 20℃ で測った時に正しい値が得られるように目盛りがつくられているため，測定に補正が必要である（付表 1 参照）．

（A）　測定方法

プリズム面に試料を 1〜2 滴滴下し，採光板を閉じる．明るい方向を向き，接眼鏡をのぞきブルーの境界線が目盛りを横切る位置を読む．（図 2.1 参照）

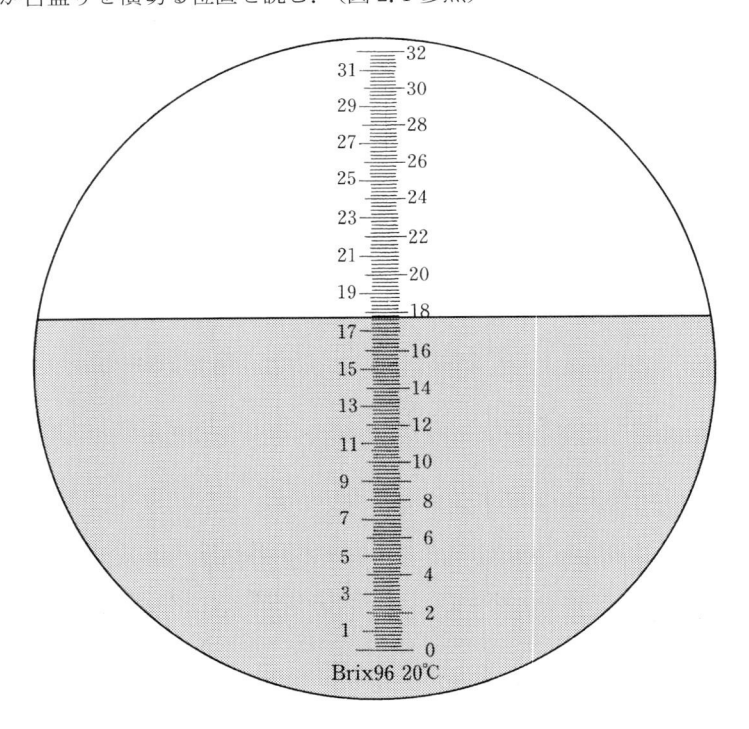

図 2.1（A）

図 2.1（B）

2.1.3 食塩濃度

食品中の食塩濃度は，ナトリウムイオンあるいは塩素イオンから塩化ナトリウム量に換算して求める．ナトリウムイオンの定量には，ナトリウムイオン電極法を基本とした食塩濃度計を用いる方法がある．食塩濃度計は，試料中の食塩濃度（％）を直接表すことができる．塩素イオンの定量には，塩素イオンを，クロム酸カリウムを指示薬として硝酸銀溶液で滴定するモール法がある．

（A） モール法による食塩濃度の測定方法

液体試料の場合は，直接または適当に希釈したもの，固体あるいは濃厚試料の場合は，熱水抽出した後にろ過して調製する．試料をホールピペットで 25 mℓ 採取し，三角フラスコに入れる．水 100 mℓ と 10％クロム酸カリウム溶液 1 mℓ を加え，撹拌しながら 0.02 mol/L 硝酸銀溶液で滴定する．終点は微橙色を呈する点とする．

（a） 使用器具および試薬

① 天秤　② 三角フラスコ　③ ビュレット　④ スタンド
⑤ ビュレット挟み　⑥ ホールピペット　⑦ 0.02 mol/L 硝酸銀溶液（力価既知），
⑧ 10％クロム酸カリウム溶液

（b） 計算方法

食塩濃度は以下の計算式により質量％として求める．

$$\text{食塩}（\%）= 0.00117^* \times T \times F \times V_0/25 \times 100/S$$

* : 0.02 mol/L 硝酸銀溶液 1 mℓ に相当する NaCl 量（g）
T : 0.02 mol/L 硝酸銀溶液の滴定値（mℓ）
F : 0.02 mol/L 硝酸銀溶液の力価
V_0 : 希釈した試料溶液の総量
S : 試料採取量（g）

2.1.4 pH（水素イオン濃度）

pH（power of Hydorogen）は溶液の酸性，塩基性の強さを表す単位であり，水素イオン濃度指数のことである．溶液中の水素イオン濃度の常用対数に負号を付けたもので中性でのpHは7であり，7より小さければ酸性，大きければ塩基性となる．

（A） 測定方法

pHはpHメーターで測定する．ガラス電極を用いたものが一般的であるが，小型で微量の試料を測定できるものもある（機種によって操作方法は異なるので取扱説明書を参照する）．

2.1.5 粘　　度

液体のもつ流れに抵抗する性質を粘性という．液体は力が加えられると流動するが，液体に加えられた力と液体の流れの速度とは比例関係にある．すなわち，力（ずり応力・せん断応力）＝粘性率（粘度）× 流れの速度（ずり速度・せん断速度または速度勾配）である．これをニュートンの粘度法則という．

ここでの粘性率（粘度）は比例定数であり，液体の流れにくさや粘っこさの程度を示す．このニュートンの粘度法則に従う液体をニュートン流体といい，食品では水，シロップ，食塩水，すまし汁などである．しかし，食品にはこのニュートンの粘度法則に従わない非ニュートン流体が多い．多糖，タンパク質などの高分子液体食品，エマルジョンやサスペンションのような複雑な分子構造をもつ液体食品（マヨネーズやホワイトソース）は，この流体である．非ニュートン流体では，ずり速度が変わると比例定数が変化するため，一定の粘性率（粘度）を求めることができない．この場合はそれぞれのずり速度に対するみかけの粘性率（粘度）を求めることになる．

・粘度の単位

粘度の単位は，SI系ではPa・s（パスカル秒），CGS系ではcP（センチポアーズ＝mPa・s）である．通常はSI系で表す．mPa・s（ミリパスカル秒）＝ 10^{-3} Pa・s

---

（A） 粘度の測定

食品の粘度を測定する機器は，毛細管粘度計，回転粘度計，振動粘度計，落球式粘度計などがあるが，測定の目的を十分に検討し，適当な機器を選ぶ必要がある．また，粘度は温度によって変化するので恒温槽を用いるなどして所定の温度 $\pm 0.1 \sim \pm 0.5$℃に保つことが重要である．

液体食品の粘度は，回転粘度計で測定することが多い．回転粘度計は比較的粘度の高い非ニュートン流体に適している．また，低粘度の場合は毛細管粘度計でも測定できる．しかし，毛細管粘度計はニュートン流体の測定に適するため，非ニュートン流体ではみかけの粘度となる．

(a) 毛細管粘度計

毛細管粘度計には，オストワルド粘度計，キャノンフェンスケ粘度計，ウベローデ粘度計などがある．測定原理は，単位時間に毛細管を流れる液体の体積は，圧力および毛細管の半径の4乗に比例し，長さに逆比例するというハーゲン・ポアズイユの法則を適用している．

よく使われるオストワルド粘度計の測定方法は，まず，図2.2の管aから試料10 mlを入れて恒温槽に放置し，一定温度になったらbにゴムチューブを取り付け，ここから測時球の標線c上まで試料を吸い上げ，その後，自由流下させる．液面がcからdを通過する時間をストップウォッチで測定する．この時間は液体の動粘度係数（粘度係数をその密度で割った値）に比例する．したがって，動粘度のわかっている標準液（蒸留水，グリセリンなど）と比較して，次式により試料の粘度を求める．

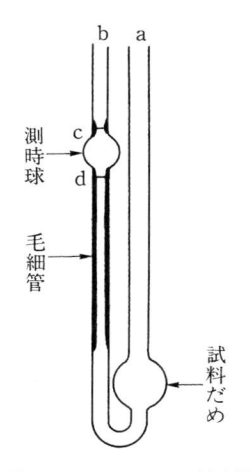

図2.2 オストワルド粘度計

$$\frac{\eta}{\eta_0} = \frac{\rho t}{\rho_0 t_0} \qquad \eta = \eta_0 \frac{\rho t}{\rho_0 t_0}$$

ρ_0＝標準液の密度
t_0＝標準液の流下時間
η_0＝標準液の粘度　　η＝試料の粘度
ρ＝試料の密度　　t＝試料の流下時間

表2.1 標準液の粘度と密度

標準液	温度 ℃	粘度 ($\times 10^{-3}$ Pa·s)	密度 ($\times 10^2$ kg/m³)
蒸留水	10	1.3007	9.9973
	20	1.0050	9.9823
	25	0.8937	9.9707
	30	0.8007	9.9567
	50	0.5494	9.8807

測定誤差を少なくするには，流下時間が2分間以上かかる粘度計を選ぶようにする．

測定後の粘度計は，アスピレーターを用いて，洗剤で洗浄後，水洗いし，蒸留水に続いてアセトンを通して乾燥させる．

(b) 回転粘度計

回転粘度計には，同心（共軸）二重円筒回転粘度計，同錘－平板型回転粘度計などがある．測定原理は，液体の中でローター（回転体）を一定角速度で回転させたときに生じる粘性抵抗トルクを観測して液体の粘度を求めている．食品の粘度測定に一般的に利用されるB型回転粘度計は内筒部回転型の粘度計であり，同期発動機によって目盛板を定速度で回し，目盛板にスプリングを介して付けられたローター（円筒または円板）に液体の粘度抵抗がかかるとスプリングはねじれ，その角度が粘度と比例する（ローターと回転数が一定の場合）ことを利用したものである．

測定は，本体にローターとガードを取り付け，ローター軸の浸液マークの所まで試料液中に浸漬する．同期発動機のスイッチを入れ回転させ，目盛板に示された値を読み取る．次式により粘度を求める．粘

表2.2 BL形およびBM形回転粘度計の換算乗数
(mPa·s)

ローター \ R.P.M	60	30	12	6
No. 1	1	2	5	10
No. 2	5	10	25	50
No. 3	20	40	100	200
No. 4	100	200	500	1000

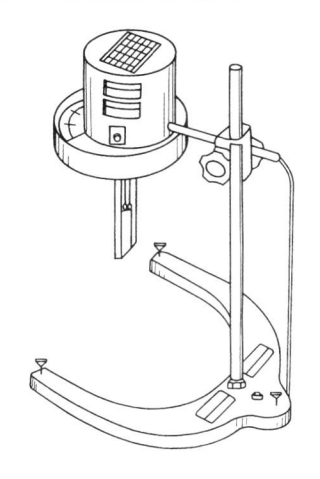

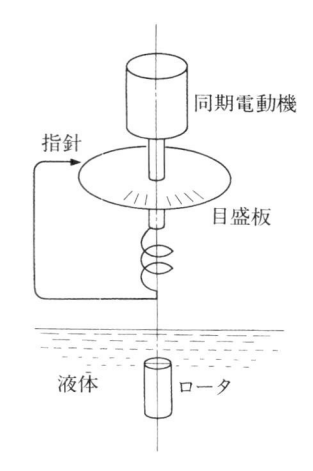

図2.3　B型回転粘度計　　　　　　　　図2.4　B型回転粘度計の動作原理

度計にはいくつかのローターと回転数があるが，測定誤差を少なくするために目盛が100近くになるような組み合わせを選ぶようにする．

$$目盛の読み \times 換算乗数 = 粘度$$

2.1.6　硬　　さ

硬さとは，物質の力学的性質を評価する一つの概念である．物質を変形させるのに必要な力として測られる．食品の場合，圧縮や切断，棒の押し込み（ペネトロメーター）などの硬度計，テクスチュロメーターのような機器を用いて評価されるが，その内容は使用した機器に特有のものであることが多い．しかし，近年では，物質を変形させるのに必要な力を応力・弾性率で表し，この値より硬さの情報を得ることが多くなってきている．

• 硬さを表現する単位

硬さを表す単位は，T.U.（テクスチュロメーターユニット）やR.U.（レオロメーターユニット）など機器特有の単位がある．応力・弾性率の単位は，SI系ではN/m^2（ニュートンパー平方メートル），Pa（パスカル $= N/m^2$），CGS系ではdyn/cm^2（ダインパー平方センチメートル $= 10^{-1} N/m^2$）である．通常，SI系で表す．

（A）　硬さの測定

硬さを表す物性値を測定する機器は数多くあるが，次に示す機器は食品の測定によく使われるものである．これらの機器を使って物性の測定をする際は，温度の管理が重要である．また，測定条件も測定値に影響を及ぼすので，同一実験下においては同様とする．さらに，測定値にばらつきが大きい場合もあるので，数多くの測定をすることが望ましい．

(a) カードメーター

カードメーターは，牛乳カードの硬さの測定に開発されたものであるが，現在は各種食品の硬さ，破断力，粘ちょう度の測定に利用されている．測定原理（図2.5）は，ばねaの下に感圧軸bとおもりcを取り付け，試料台dに試料fをのせ，一定速度で試料台を押し上げていく．試料の破断力が感圧軸にかかる力よりも大きい間は感圧軸は押し上げられていくが，感圧軸にかかる力が試料の破断力の限界を超えると，感圧軸は試料に貫入し，試料は破断する．この感圧軸の動きがプリンターeによって記録される．この曲線より硬さ，破断強度，粘ちょう度が求められる．解析方法は図2.6に示す．

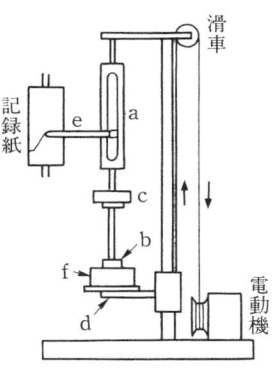

図2.5 カードメーター

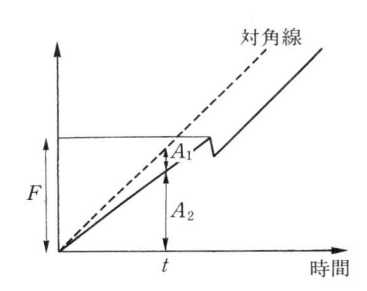

(i) 硬さと破断力のあるものの測定記録

$$硬さ = \frac{A_2}{A_1} \cdot \frac{k}{L} \text{ (dyn/cm}^2\text{)}$$

$$\begin{pmatrix}破断強度\\（ゼリー強度）\end{pmatrix} = \frac{F}{S} \times g \text{ (dyn/cm}^2\text{)}$$

F：破断力（g重），g：重力の加速度（980 cm/sec^2），
S：感圧軸面積（cm^2），k：ばねの常数

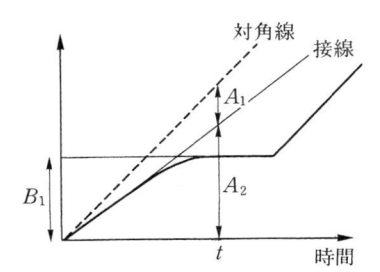

(ii) 硬さと粘ちょう性のあるものの測定記録（流動性小）

$$硬さ = \frac{A_2}{A_1} \cdot \frac{k}{L} \text{ (dyn/cm}^2\text{)}$$

$$粘ちょう度 = \frac{B_1}{\alpha} \cdot \frac{1}{S} \cdot g \text{ (dyn·sec/cm}^3\text{)}$$

α：0.36 または 0.21 （cm/sec）

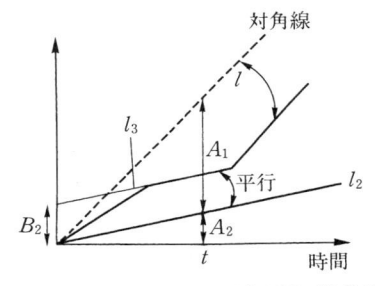

(iii) 硬さと粘ちょう性のあるものの測定記録（流動性大）

$$硬さ = \frac{A_2}{A_1} \cdot \frac{k}{L} \text{ (dyn/cm}^2\text{)}$$

$$粘ちょう度 = \frac{B_2}{\alpha}\left(1+\frac{A_2}{A_1}\right)^2 \cdot \frac{1}{S} \cdot g \text{ (dyn·sec/cm}^3\text{)}$$

図2.6 カードメーターの記録曲線と解析法（飯尾尚子：調理科学, 2, 55, 1969)

※単位の換算は p.38 参照

表 2.3 カードメーターの実験条件選定のための試料

(i) 記録紙の縦軸の読み

おもり (g)	記録紙縦軸 目 盛 り	縦軸読み (g重)
60	100	60
100	100	100
200	100	200
400	100	400

(ii) ばねの常数

ば ね	k (dyn/cm)
60 g 用	$6533 \times \frac{3}{5} =$ 3920
100 g 用	$6533 \times 1 =$ 6533
200 g 用	$6533 \times 2 =$ 13066
400 g 用	$6533 \times 4 =$ 26132
800 g 用	$6533 \times 8 =$ 52264

(iii) 感圧軸円板の大きさ

感圧軸直径	面 積 S	円周の長さ L
0.30 (cm)	0.07 (cm²)	0.94 (cm)
0.56	0.25	1.76
0.80	0.50	2.51
1.13	1.00	3.55

注:単位の換算　CGS 系　= SI 系
1 g 　　　　　= 10^{-3} kg
1 dyn/cm = 10^{-3} N/cm
1 cm 　　　 = 10^{-2} m
1 cm² 　　　= 10^{-4} m²

(b) テクスチャー測定装置(クリープメーター,レオロメーターなど)

人間のそしゃく運動を模して,試料に変形・破壊を与え,力を検出する.この検出された力は,食べた時の感覚によく対応している.測定原理(図 2.7)は,試料台 a の上に試料 b をのせ,プランジャー c あるいは試料台の上下運動にて変形・破壊を行う.圧縮方法は,正弦運動の機器もあるが定速上下運動のものが多い.得られる曲線より硬さ,凝集性,弾力性,粘り,付着性,もろさ,そしゃく性,ガム性が求められる.解析方法は図 2.8 に示す.プランジャーの形状,クリアランス(試料高さの圧縮しない部分),圧縮方法は,同一実験下においては同じものとする必要がある.また,運動回数は通常 2 回であるが,それ以上運動させて変化を測定する場合もある.

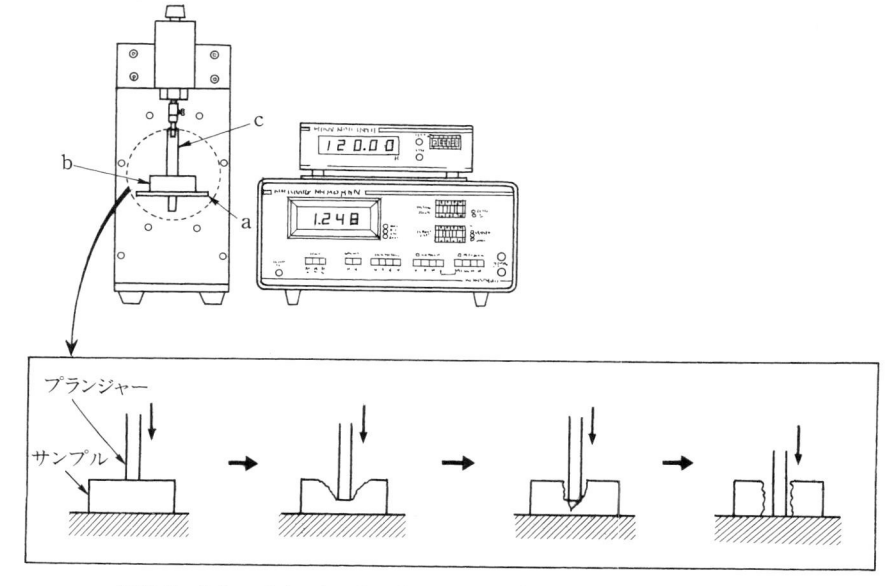

図 2.7　クリープメーターとテクスチャー測定および破断強度測定の様子

(i) 硬さ
　　硬さ(荷重)＝H（N）
　　硬さ(応力)＝$\dfrac{H}{S\times 10^{-6}}$（PaまたはN/m²）

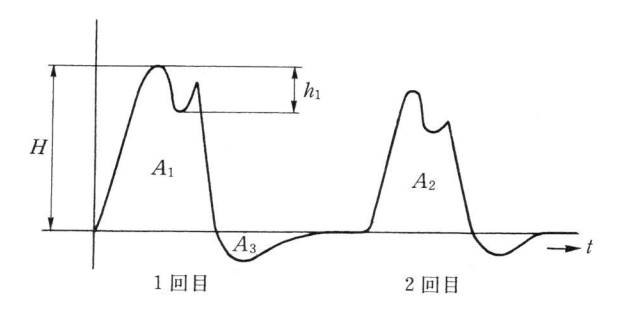

(ii) 凝集性
　　凝集性＝$\dfrac{A_2}{A_1}$
　　（A_1, A_2：記録曲線上の面積）

(iii) 付着性
　　付着性＝A_3（J/m³）
　　（A_3：記録曲線上の面積）

(iv) もろさ
　　もろさ(荷重)＝h_1（N）
　　もろさ(応力)＝$\dfrac{h_1}{S\times 10^{-6}}$（PaまたはN/m²）

(v) ガム性
　　ガム性(荷重)＝硬さ(荷重)×凝集性（N）
　　ガム性(応力)＝硬さ(応力)×凝集性（PaまたはN/m²）

図2.8　テクスチャー記録曲線と解析法

(c) 破断特性測定装置（クリープメーター，レオロメーターなど）

　物体にある力をかけて変形させ続けていると，ついには破壊する．これが破断現象である．測定原理（図2.7）は，定速圧縮運動を行うプランジャーにより，試料を上方から圧縮し，与えられた応力に対する試料の変形の様子を得る．すなわち，破断するまでの過程を応力―ひずみ曲線として表される．この曲線より，破断荷重，破断応力，破断ひずみ，破断エネルギーが求められる．これらの値は，実際の調理・加工，あるいは人間のそしゃくと密接な関係があることがわかっている．解析方法を図2.9に示す．プランジャーは通常，試料表面積より大きいものを用いるが，小さいものを用いた場合は，みかけの値として扱う．また，圧縮速度は同一実験下においては一定とする．

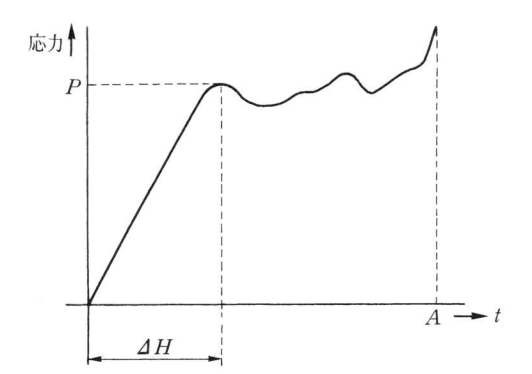

(i) 破断荷重 F（N）

(ii) 破断応力 P
　　破断応力＝$\dfrac{F}{S\times 10^{-6}}$（PaまたはN/m²）
　　S：試料の断面積（mm²）

(iii) 破断変形 ΔH（mm）

(iv) 破断ひずみ率
　　破断ひずみ率＝$\dfrac{\Delta H\times 100}{H}$（％）

図2.9　応力－ひずみ曲線と解析法

(d) ミートシャメーター

肉せん断試験機ともいい，肉組織のせん断による力を測定するために開発された機器である．肉片の試料を一定の厚さに切り，試験機の三角形のエッジの中に入れ，低速稼動装置に取り付けられた二枚の金属板の下降によって試料肉片がせん断されるときの力が，スプリングバランスによって示される．

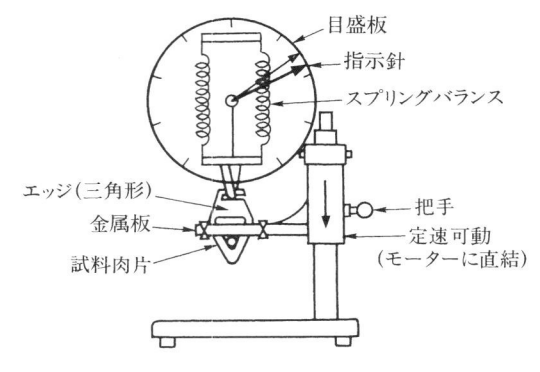

図 2.10 ミートシャメーターの構造

(e) ペネトロメーター（針入度計）

一定荷重で針を試料に突き刺したときの侵入の深さを測定する．通常，侵入の深さは回転したゲージの回転角で示される．

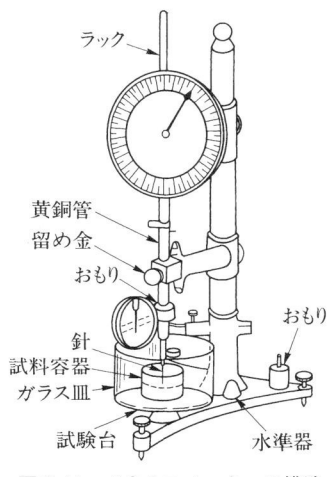

図 2.11 ペネトロメーターの構造

2.1.7 真 空 度

真空度は缶詰などの容器内の真空度合を表し，容器内分圧と大気圧との差を示す．

(A) 測定方法

真空度計のメーター部分をもち，進入針を容器（缶，瓶等）のふたに対して垂直に一気に力を込めて突き刺したときに示される目盛りをすばやく読み取る（力を緩めると針が元に戻るので読み終わるまで針を押し込んだ状態を維持する）．

$$1 \text{ mmHg} = 1.3333 \times 10^5 \text{ Pa}$$

図 2.12 真空度計

2.2 官能検査

2.2.1 官能検査とは

　官能検査とは，人間の感覚（視覚，聴覚，味覚，嗅覚，触覚）を用いて，物や人間のさまざまな特性を一定の手法にのっとって評価，測定あるいは検査する方法をいう．英語では，sensory evaluation, sensory analysis などとよばれている．官能検査は，1930年代にアメリカで取り上げられ始め，1945年代から急速に進歩発展した．日本における官能検査は明治40年（1907年），清酒の第1回全国品評会が開催され，採点法で行われたのが最初であるといわれている．現在では，食品の味覚検査のみならず，洋服地の肌触り，化粧品の付け心地，乗りやすい車，コンクリートの風合いなどあらゆる産業界に応用されている．特に食品の製造および開発においては，おいしいものをつくることが期待されているので，官能検査は不可欠なものとなっている．

2.2.2 官能検査の意義と問題点

　官能検査には，ヒトの感覚を用いてデータをとるので，① 人によって評価に差がある，② 個人でも常に一貫した評価をするとは限らない，③ 知覚した内容を定量的に表現しにくいなどの問題点が存在する．このような点は，官能検査の実施に当たっての十分な配慮と実験計画である程度回避でき，信頼性の高いデータを得ることが可能である．さらに，① 複合的な感覚として刺激を認知する官能検査での評価は機器測定にはできない，② 迅速に行える，③ コストがかからないなどの利点がある．

2.2.3 官能検査の種類

　官能検査の内容を大別すると，分析型官能検査と嗜好型官能検査に分類できる．
　分析型官能検査は，試料の特性（甘味の強さ，香りの強さ，硬さなど）の評価や試料間の差異を識別することである．一方，嗜好型官能検査は，試料の嗜好（好き，嫌い）を評価することである．

2.2.4 官能検査の実施上の留意点

（A）官能検査の要領

　官能検査のポイントは，その目的と意義を明確にすることであり，図2.13に示すような全体の流れをつかんで実施するとよい．

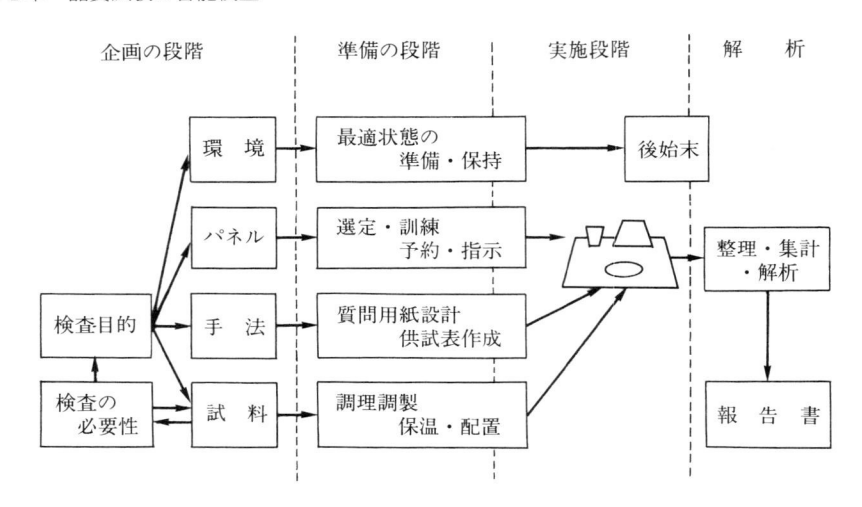

図 2.13 官能検査の流れと手続き

(B) パネルの選定

パネルによって検査結果に影響を与える場合があるので，選定は慎重にすべきである．パネルになる条件は，① 健康であること，② 協力しやすい立場にあること，③ 検査に対する意欲，興味をもっていることである．

分析型官能検査を行うパネルは，分析型パネルとよばれ，パネリスト自身の好き嫌いに関係なく，客観的な評価をしなくてはならないため鋭敏な感度が要求される．パネルの必要数は 20 ～ 30 名である．これに対し嗜好型官能検査は，好き嫌いの判断できる人であればよく，感度は問題にならない．必要数は 50 ～ 100 名で，検査の目的にあったパネルの属性（年齢，性別，生活環境など）を選ぶことが大切である．

> ● パネル
> 　官能検査を行うための検査員の集団をパネル（panel）という．パネル一人ひとりはパネリストあるいはパネルメンバーという．

(C) 試料の提示方法

(a) 試料温度

温度によって食品の味などの感じ方は異なる．したがって，官能検査においては試料の温度設定が重要である．一般に嗜好型官能検査の場合は，通常飲食する温度に設定することが多いが，試料間の差を検出するような分析型官能検査では，検出しやすい温度に設定してもよい．検査の目的に応じて試料温度を決定する．

(b) 容　器

統一性がとれていて模様や色が検査に影響しなければよい．通常，白色の無地の磁器や水溶液

の場合は無色，透明なグラスが用いられるが，試料の色が先入観を与えると考えられるときは，褐色グラスを用いることもある．また，使い捨ての容器もその簡便さからよく使われる．

(c) 提示方法

試料の提示に当たっては，①順序効果（最初に口にした印象が強い），②位置効果（特定の位置に置かれた試料が選ばれやすい），③記号効果（試料に付した記号の好みの心理が働く）を考慮しなければならない．これらの効果を軽減させるために，試料の提示には乱数表などを使ってランダマイズするとよい．試料に付ける記号は，3桁の数字がよく使われる．

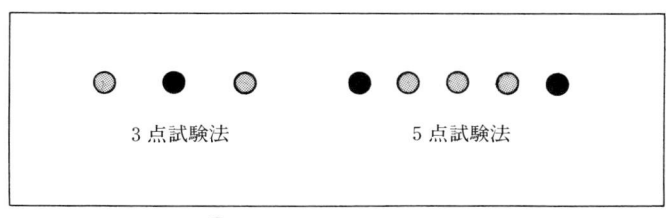

図 2.14 位 置 効 果

(d) 検査環境

感覚の認知の度合いは，環境に大きく左右される．したがって，常に検査室の環境状態を一定にしておかなくてはならない．官能検査室の室温は 20〜22℃，湿度は RH 60 % 前後，照明は太陽光線と人工照明の両方または一方を用いる，換気は室内が無臭になるように気をつける，音は 40 ホーン以下，室内の色は落ち着いた色調で統一するのが望ましい．

(e) 評価用紙の作成

評価は，評価用紙によって進めていくことが多い．したがって評価用紙に不備があると信頼性の高いデータは得られない．状況に応じて言葉をよく吟味して用い，わかりやすい評価用紙を作成する．

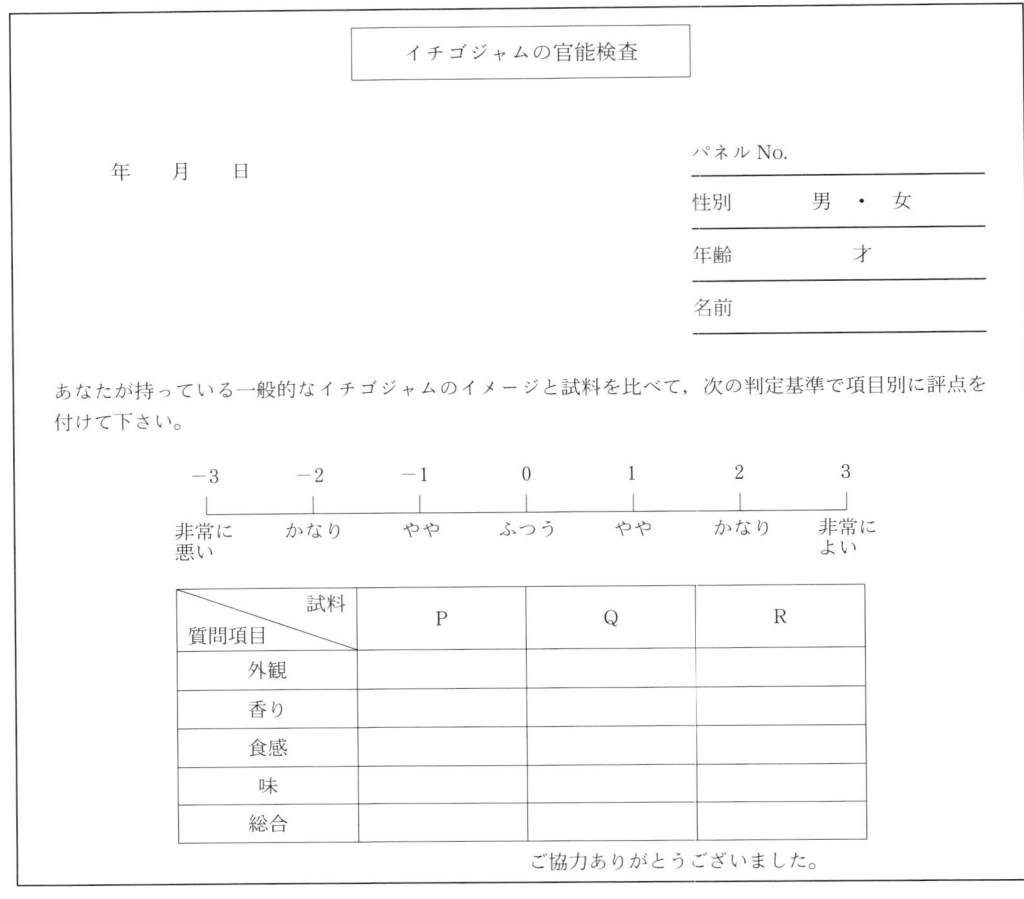

図 2.15 評点法の評価用紙の例

2.2.5 官能検査の手法

官能検査の手法はいろいろある．どの手法を選ぶかは，検査の目的，試料の数，パネルの人数，パネルの労力，結果の解析方法などを考慮して決定する．次に食品の官能検査によく使われる代表的な方法の概要を示す．

(a) 2点比較法（pair test）

2個の試料を比較して，刺激の強い方，好ましい方など設問に該当する片方を選ぶ方法．客観的順位が存在するときは2点識別試験法，客観的順位が存在しないときは2点嗜好試験法と称する．

(b) 3点比較法（triangle test）

2種類の試料A，Bを認識させるのに，AABまたはABBなど3個一組にしてパネルに提示し，異なる一つを選ぶ方法．すなわち，AABならBを，ABBならBを選べば正解となる．

(c) 1対2点比較法（duo-trio test）

パネルに片方の試料を認識させておき，次に両方を提示して認識した試料を選ぶ方法．

（d） 配偶法（matching test）

t 種類の試料の組を二組作成し，二組から1個ずつ選んで対をつくる方法．

（e） 一対比較法（paired comparison）

3個以上の t 個の試料をすべての組み合わせで2個ずつの対にして，各対につきどちらが強いか，好ましいか，あるいはどちらがどの程度強いか，好ましいかを判定する方法．

（f） 順 位 法（ranking test）

t 個の試料を与え，ある特性の大きさ，嗜好性について順位をつける方法．

（g） 評 点 法（scoring method）

各試料の特性，強さ，嗜好の差を数値尺度を用いて評定する方法．評価尺度は，-2点～$+2$点までの5段階や，-3点～$+3$点までの7段階，0点～10点までさまざまである．

（h） SD 法（semantic differential method）

反対語になった形容詞を対に位置づけた評価尺度を用いて，尺度上の該当する箇所に評定する方法．

2.2.6 官能検査の解析法

官能検査で得られたデータは，信ぴょう性を高くし，より多くの情報を抽出するために必ず統計的手法を適用して検定する．

近年，コンピューターで統計解析が瞬時にできるようになったが，データを正しく扱うためには統計学の基礎は理解しておく必要がある．

（a） 2点比較法

ある特性について仮にA，Bに差がないか，またはパネルの識別能力がなければ，A（またはB）が選ばれる確率は$1/2$である．したがって，n人（n回の繰り返し）でA（またはB）が選ばれる度数aは，$P=1/2$の2項分布に従うことを用いて，客観的に差異がある（正解が存在する）場合は片側検定，客観的に差異がない（正解が存在しない）場合は両側検定を行う．

① 客観的に差異がある場合（片側検定）

正解度数をaとする．aが付表5の示した値に等しいか，または大きい時，2試料間に有意な差がある（またはパネルは2種を識別する能力がある）と判断する．

② 客観的に差異がない場合（両側検定）

選ばれた度数のうち多い方をaとする．aが付表6の示した値に等しいか，または大きい時，その試料が好まれているなど有意な差があると判断する．

（b） 3点比較法

解析の基本は，2点比較法と同様である．試料が3点であるので，試料間に差がなければそれぞれが選ばれる確率は$1/3$である．$P=1/3$の2項分布に従うことを用いて片側検定を行う．正解度数aが付表7に示した値に等しいか，または大きい時，2試料間に差がある（またはパネ

(c) 1対2点比較法

2点比較法の片側検定と同様に検定する．

(d) 配偶法

① 繰り返しのない場合

t 種類の試料の中で，正しく組み合わせた試料数（配偶数）s を数え，その数が付表8 (1)に示した値に等しいか，または大きい時，t 種類の試料を識別する能力があると判断する．

② 繰り返しのある場合

n 回の繰り返し（n 人のパネル）で配偶数 s の平均値 $\bar{s}$ を求め，その値が付表8 (2)に示した値に等しいか，または大きい時，t 種類の試料間に差がある（またはパネルが t 種類の試料を識別する能力がある）と判断する．

(e) 順位法

いくつかの検定方法があるが，次のクレーマーの順位合計の検定は，考え方が簡単であるのでよく利用される手法の一つである．

試料順位合計を付表9の該当箇所の数値と比較する．例えば，試料4種類（t），データ数10（n）に相当する付表9の数値は17,33（有意水準5％）である．試料順位合計が1番小さい試料の順位合計が，17以下である場合，この試料は有意に1位．試料順位合計が1番大きい試料の順位合計が，33以上である場合は，この試料は有意に4位と判断する．中間順位の検定は，順位の高い方を1位，低い方を2位とし，順位合計を出して最初と同様に検定を行う．

(f) 評点法

いくつかの検定方法があるが，ここでは一元配置法と二元配置法を示す．

① 一元配置法

試料間の差を検定する．要因を一つ（試料）取り上げて官能検査を行った場合のデータ解析に用いる方法である．

(1) 判定結果を次のようにまとめる．

表2.4 判定結果

試料 \ 判定	+2の人数	+1の人数	0の人数	-1の人数	-2の人数	合計	平均
A							
B							

(2) 試料それぞれの合計点を計算する．

(3) 試料それぞれの平均値を計算する．

(4) 試料すべての総計点を計算する．

(5) 修正項 CF を計算する．$CF = (総計点)^2 / 試料種類 \times 判定数$

(6) 平方和を計算する．

総平方和　$S_T = \{(すべての判定点それぞれ)^2 の総計\} - CF$

試料間の差の平方和　$S_A = 1/n \times \{(A の合計)^2 + (B の合計)^2\} - CF$

誤差の平方和　$S_E = S_T - S_A$

(7) 自由度を計算する．

全体の自由度　$\phi_T = 試料種類 \times 判定数 - 1$

試料間の自由度　$\phi_A = 試料種類 - 1$

誤差の自由度　$\phi_E = 試料種類 \times 判定数 - 試料種類$

(8) 分散を計算する．

試料間の分散　$V_A = S_A/\phi_A$

誤差の分散　$V_E = S_E/\phi_E$

(9) 分散比を求める．$F_0 = V_A/V_E$

(10) 分散分析表を作成する（表 2.5）．

表 2.5　分散分析表

要因	平方和 (s)	自由度 (f)	分　散 (V)	分散比 (F_0)
試 料 間				
誤　　差				
全　　体				

(11) F 分布表（付表 10，11）より，試料間の自由度 ϕ_A，誤差の自由度 ϕ_E のときの数値を求める．この値を F_0 と比較して，$F_0 > F$ となれば試料間に有意差あり，$F_0 < F$ となれば試料間に有意差なしとなる．さらに，試料間に有意差が認められ，試料が多い場合は，後述のテューキイの多重比較を行って検定する．

② 二元配置法（繰り返しのない場合）

試料間とパネル間の差を検定する．要因を二つ（パネルと試料）取り上げて官能検査を行った場合のデータ解析に用いられる方法である．

(1) 判定結果を次のようにまとめる．

表 2.6　判定結果

試料＼パネル	1	2	3	4	5	6	7	合計	平均
A									
B									
C									

(2) 試料それぞれの合計点を計算する．

(3) 試料それぞれの平均値を計算する．

(4) 試料すべての総計点を計算する．

(5) 修正項 CF を計算する．$CF=(総計点)^2/試料種類\times 判定数$

(6) 平方和を計算する．

　　総平方和　$S_T=\{(すべての判定点それぞれ)^2 の総計\}-CF$

　　試料間の差の平方和　$S_A=1/n\times\{(Aの合計)^2+(Bの合計)^2+(Cの合計)^2\}-CF$

　　判定者間の差の平方和　$S_B=1/n\times(各判定数)^2 の合計-CF$

　　誤差の平方和　$S_E=S_T-S_A-S_B$

(7) 自由度を計算する．

　　全体の自由度　$\phi_T=試料種類\times 判定数-1$

　　試料間の自由度　$\phi_A=試料種類-1$

　　判定者間の自由度　$\phi_B=判定者数-1$

　　誤差の自由度　$\phi_E=全体の自由度-試料間の自由度-判定者間の自由度$

(8) 分散を計算する．

　　試料間の分散　$V_A=S_A/\phi_A$

　　判定者間の分散　$V_B=S_B/\phi_B$

　　誤差の分散　$V_E=S_E/\phi_E$

(9) 分散比を求める．

　　試料間の分散比　$F_0=V_A/V_E$

　　判定者間の分散比　$F_0=V_B/V_E$

(10) 分散分析表を作成する（表 2.7）．

表 2.7　分散分析表

要因	平方和（s）	自由度（f）	分散（V）	分散比（F_0）
試料間				
判定者間				
誤差				
全体				

(11) F 分布表（付表 10，11）より，判定者間の自由度 ϕ_B，誤差の自由度 ϕ_E のときの数値を求める．この値を F_0 と比較して，$F_0>F$ となれば判定者間に有意差あり，$F_0<F$ となれば判定者間に有意差なしとなる．判定者間に有意な差が認められなかった場合，同様に試料間の自由度 ϕ_A，誤差の自由度 ϕ_E のときの数値を求める．$F_0<F$ となれば試料間に有意差なし，$F_0>F$ となれば試料間に有意差ありとなる．

(12) 試料が 3 個以上あり，試料間に有意差が認められた場合には，どの試料間に差があるかについてテューキイの多重比較により検定する．

　　スチューデント化された範囲（試料数，誤差の自由度）を付表 12，13 から求める．次にスチューデント化された範囲 $\times\sqrt{誤差の分散/繰り返し数}$ を計算し，信頼区間の幅を求める．つづいて $\{(A 試料の平均値-B 試料の平均値)\pm 信頼区間の幅\}$ を計算し，信頼

区間を求める．A と C，B と C の試料間についても同様に計算する．この信頼区間が＋側と－側にまたがっているとき，すなわち信頼区間に 0 を含むときは，試料間に有意差はなく，0 を含まないとき有意差があると判断する．

(g) SD 法

得られたデータは，主成分分析，因子分析などの多変量解析を行い，試料の全体像をつかむようにする．

- 帰無仮説，対立仮説

  帰無仮説は「○○に差がない，識別できない」という形の仮説．対立仮説は「○○に差がある，識別できない」という形の仮説．

- 「有意な差がある」とは

  帰無仮説を棄却し，対立仮説を採用した場合のこと．統計学的にみて意味のある差が認められた時にいう．

- 有意水準 α

  検定により対立仮説を採用したのは，実は誤りであったという確率が α ％存在するという意味．通常 5，1 または 0.1 ％のいずれかとする．

- 「有意である」ときの表し方

  有意水準 5 ％で有意であるときは＊を，1 ％のときは＊＊を，0.1 ％のときは＊＊＊を付けて表すことがある．

2.2.7 官能検査結果のまとめ方

官能検査をデータ解析した後，図示する必要がある．これにはいろいろな表記の仕方があるが，伝えたい内容，試料の特徴などが明確にわかるようにする．

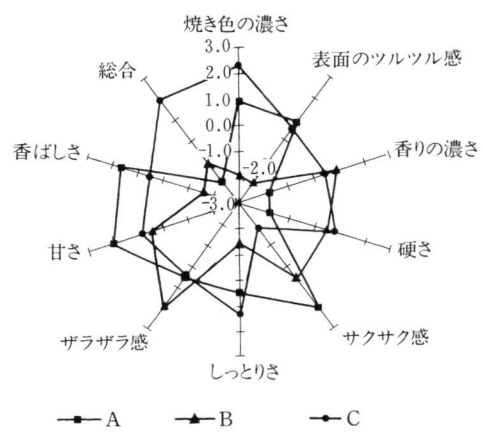

図 2.16 まとめ方の例
　　　　－クッキーの官能評価（嗜好型）

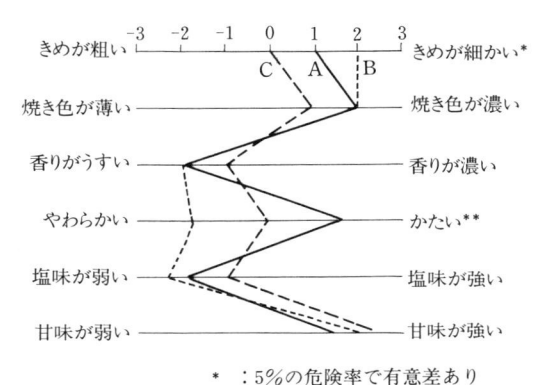

図 2.17 SD 法のまとめ方の例－食パンの官能評価

　＊　：5％の危険率で有意差あり
　＊＊：1％の危険率で有意差あり

第3章　農産物の加工

3.1　穀　　類

3.1.1　パンの製造

(A)　製造理論

　パンの主原料は小麦粉である．通常は強力粉と薄力粉を混合して用いる場合が多く，これに副原料として砂糖，脱脂粉乳，鶏卵，食塩，膨張剤（イースト菌），改良剤を加えて水でこね（ミキシング），発酵させた後に成形して焼成する．小麦粉は水を加えてこねると粘弾性のある生地（ドゥ）を形成する．生地は，小麦の主要タンパク質であるグリアジンとグルテニンが水を吸収，膨潤して混捏（ミキシング）されることにより，分子同士が相互的に疎水結合，水素結合，イオン結合などの非共有結合を介してできる編目（ネットワーク）構造により形成されるものと考えられている．このとき図3.1に示すように，繊維状タンパク質で分子量の大きいグルテニンの間に球状で分子量の小さなグリアジンが入り込むような形でグルテンを形成し，生地の粘弾性に大きく関与していると考えられている．

　発酵パンはイースト菌（酵母：*Saccharomyces serevisiae*）を添加することにより，発酵の際に発生した炭酸ガスがグルテンの網目構造に包み込まれるため生地が膨張する．膨張剤として重炭酸ナトリウムと酸または酸性塩類を添加したベーキングパウダーを用い，焙焼時の化学反応により発生する炭酸ガスで生地を膨張させるパンを無発酵パンという．

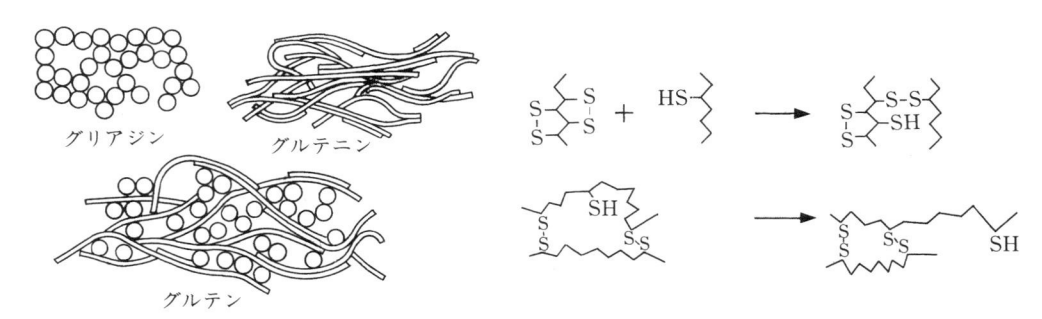

図3.1　グルテンの構造とグルテン・タンパク質のSH-SS交換反応
並木満夫他：「現代の食品化学（第2版）」226，227，三共出版（1992）

> ● パンの語源
> 　　わが国にパンが伝来したのは1543年で，種子島に漂着したポルトガル人によって鉄砲とともに伝えられた．パンの語源がポルトガル語のPao（パン）であるとされているのはこのためである．

（B） 製造方法

パンの製造方法には，大きく二通りがある．

直捏法……配合原料を最初からすべて混ねつして生地を作り，発酵させる．

中種法……小麦粉の一部とイーストで生地（中種）を作り，イーストを増殖させ，残りの小麦粉を加えて本ごねをして生地をつくる．

ここでは，直捏法を使いパン製造でもっとも基礎的であるといわれるバターロールの製造について述べる．なお，通常はミキシングした後に28℃，湿度80％の条件下で1時間30分の一次発酵を行うが，実習では時間の都合上これを省略するノータイム法を用いる．

（a） 使用器具

① 電子天秤 　　② バット 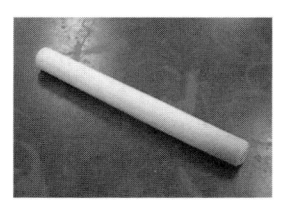　　③ めん棒

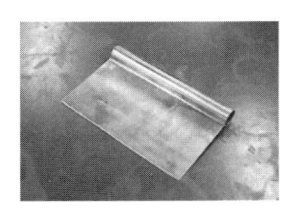

④ スケッパー 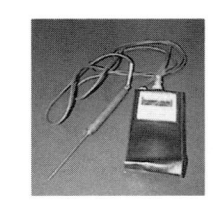　　⑤ 温度計 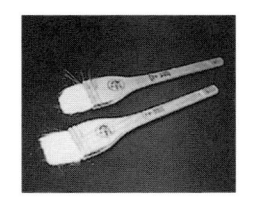　　⑥ 刷毛

⑦ 霧吹き 　　⑧ 天板 　　⑨ 計量カップ

⑩ 縦型ミキサー 　　⑪ 焙炉（ホイロ） 　　⑫ オーブン

(b) 原材料の配合割合および製造工程

(1) 原材料の配合割合

原材料	配合割合(%)	重量(g)
小麦粉	100	
強力粉	(70)	1400
薄力粉	(30)	600
砂　糖	12	240
食　塩	1.5	30
油　脂	14	
マーガリン	(7)	140
ショートニング	(7)	140
脱脂粉乳	2.5	50
イースト	3	60
イーストフード	0.1	2
全　卵	10	200
水	48	960

(2) 製造工程と所要時間の概略

○準備（材料計量等）　15分
○ミキシング　15分
　1速2分間→3速2分間→油脂添加
　1速2分間→3速3〜4分間，
　こね上げ27℃
○発酵　90分
　温度27℃，湿度75%
○分割　20分
　40g
○ベンチタイム　15分
○成形　20分
○ホイロ　40分
　温度35℃，湿度80%
○焼成　25分
　焼成190℃（10〜12分間）
○冷却　室温（15分間程度）

(3) 製造工程

① 原材料を計量する．
② 小麦粉と砂糖，脱脂粉乳，食塩，イーストフードを同じビニール袋に入れ，空気を入れて上を縛り，よく振って均一に混ぜる．
③ イーストを全卵に溶かす．
④ ミキサーに粉体とイーストを溶かした全卵を入れる．
⑤ 残りの水でイーストと全卵を洗い込む．
⑥ ミキシングを開始する．低速（L）で2分間，中高速（LM）で4分間行う．
⑦ ミキサーを止め油脂を添加する．
⑧ 低速で2分間ミキシング後，中高速で3〜4分間ミキシングする．
　（生地が釜の底からはがれてまわるようになったところから30秒間ほどでミキシングを終了する．一部を取って手で伸ばし，指紋が透けて見えるくらいならばよい）
⑨ ミキサーから生地を取り出し，手で丸める様に形を整え作業台にのせる．
⑩ スケッパーで生地を1/2に分割し，切った面に小麦粉を軽くふる．さらに1/2にした後に生地を直径5cm程の棒状に伸ばす．
⑪ 1個35〜40gの重さになるようにカットしたら生地を丸め，その後に円錐状に形を整え，バットに順番に並べ15分間ベンチタイムをとる．
⑫ ショートニングを薄く塗った天板を準備する．

⑬ 円錐の尖端を自分に向け，生地を手のひらで軽く押しつぶす．尖端を左手で持ち，めん棒の真ん中を右手で転がして生地を 17〜18 cm に伸ばす（縦に伸ばすような気持で行うとよい）．生地を返し裏面から 1 回伸ばし，中心を少し押さえて手前に巻く．

⑭ 巻き終わりを下にして，天板 1 枚当たりに 9 個のせ，霧吹きした後に焙炉に入れ発酵させる（38℃，湿度 85％，40 分間）．

⑮ 焙炉から天板を出し，水で半分ほどに薄めた溶き卵をハケで表面に塗りオーブンに入れ焼成する（190℃，10〜12 分間が良好）．

⑯ 表面がキツネ色に焼けたらオーブンから出してバットの上に並べる．

⑰ でき上がったパンは冷めてから袋へ入れる（温かいうちに入れるとしわがよったり，蒸気がこもり食味が低下する）．

⑱ 天板は熱いうちに油を薄く塗っておき，冷めてから重ねてかたづける．

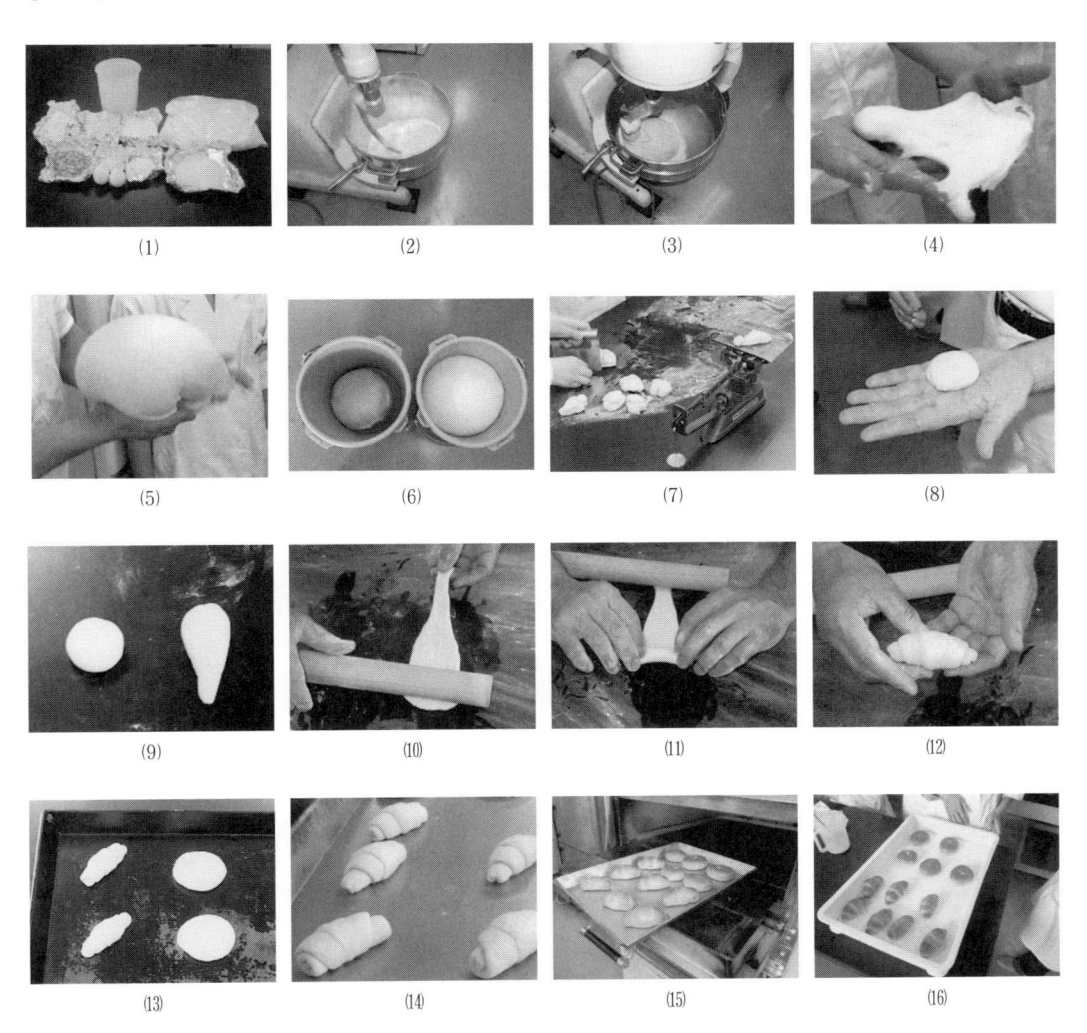

図 3.2

(c) こね上げ温度の設定

パンは生きたイースト菌で発酵させる．そのため発酵の良否は生地の温度管理によるところが大きい．特にミキサーで生地を作成する場合は，次の式を用いて仕込み水温を調整すると，うまく目標の温度で生地をこね上げることが可能である．

仕込み水温 ＝ こね上げ温度 －（粉温＋室温＋ミキシングによる上昇温度）/3

（ただし，ミキシングによる上昇温度は夏場15℃，冬場10℃とする）

例）こね上げ温度27℃，室温24℃，粉温15℃，上昇温度15℃とすると

仕込み水温 ＝ 27 －（24 ＋ 15 ＋ 15）/3 ＝ 9

となり，仕込み水温を9℃に調整してミキシングに用いる．

(C) 品質試験

でき上がったパンは次のような項目で品質試験を行う．

a．外　観　（30点）
① しっかりと縦方向に膨らみ，形が整っている．（15点）
② 表面は均一にきつね色で，裏面も焦げすぎていない．（8点）
③ 表面が滑らかで生地の切れがない．（7点）
b．内　相（包丁で真ん中を切ってみる）（25点）
① 気孔が均一でほぼ揃っており，目詰まりはない．（15点）
② 色は乳白色である．（10点）
c．食　味　（45点）
① ほどよいバター臭とイースト臭がある．（20点）
② 快い小麦の旨みがあり，塩味，甘味ともに整っている．（10点）
③ 生地は柔らかく，口当たりはモソモソせずほどよい弾力と湿気がある．（15点）

（D） レポートの書き方

題　目：パンの製造実習に関する報告

1．製造理論
2．材料および配合割合
　1）　発酵微生物菌株名　　2）　原料および配合割合（％）
　3）　仕込重量（g）　　　　4）　使用器具
3．製造工程
4．製造方法
5．製造時の記録
　1）　仕込水温 ＝ こね上げ温度 －（室温＋粉温＋混ねつ上昇温度）/3
　　　混ねつ上昇温度：冬季 10℃，夏季 15℃ で計算
　2）　混ねつ時間
　　　予備混ねつ
　　　　　L　　　　min，H　　　　min
　　　油脂添加後
　　　　　L　　　　min，H　　　　min
　3）　こね上げ温度　　　　℃
　4）　分割重量　　　　　　g
　5）　焙炉：温度　　　　℃，　湿度　　　％，　時間　　　min
　6）　焼成：温度　　　　℃，　時間　　　min
6．品質試験
7．所　感

3.1.2 うどんの製造

(A) 製造理論

　めん類は，穀粉に水と食塩を加えてこね，線状に成形した食品である．主原料の穀粉には小麦粉が用いられるが，そば粉，米粉，デンプンなどを使用したものもある．製造法としては，切出し法，延出し法，押出し法などがあり，うどんの製造法としては，切出し法が主流である．また，めん線成形後の処理により，生めん，ゆでめん，乾めんに大別される．

　一般にうどんは，中力粉に，水 30 ～ 36 ％，食塩 2 ～ 3 ％を加え，めん帯を調製し，幅 1.8 ～ 3.8 mm に切出し成形を行う．食塩は，小麦タンパク質のグリアジンの粘性を増加させ，生地のグルテンネットワークを緻密にし，めん体のコシを増強させる作用や生地の発酵を抑制し変質を防ぐ効果がある．また，加水量は温度・湿度により調節し，夏は少なく，冬は多めにする．

(a) うどん類の種類

　うどん類は，生うどん，ゆでうどん，半生うどん，干しうどん，即席うどんなどに分けられる．ゆでうどんには，一般ゆでめんのほか，LL（ロングライフ）めんや冷凍めんがある．LLめんは，ゆでめんを有機酸液処理し無菌パックすることにより，常温で長期間保存可能なゆでめんで，近年急速に消費量が増加している．半生うどんは，生めんを一部乾燥させ，水分を約 25 ％程度に低下させたものである．干しうどんはいわゆる乾めんであり，水分を約 14 ％に乾燥させたもので，めんの太さによって名称が異なる．即席めんとしては，蒸して α 化しためんを油で揚げて乾燥したものが主体だが，最近は改良された LL めんも使われている．

表 3.1　めんの幅によるめん類の分類

	番手(JIS)	径 (mm)	厚さ (mm)
平 め ん	4 ～ 6	5.0 ～ 7.5	～ 1.0
う ど ん	8 ～ 16	1.8 ～ 3.8	1.0 ～ 2.0
ひやむぎ	18 ～ 24	1.3 ～ 1.6	1.0 ～ 1.3
そうめん	26 ～ 30	0.8 ～ 1.2	0.8

(B) 製造方法

(a) 使用器具

① 製めん機　② 混合機　③ はかり　④ まな板　⑤ めん棒
⑥ めん切り包丁　⑦ ボール　⑧ メスシリンダー　⑨ 鍋

図 3.3　製めん機 　　　図 3.4　混合機 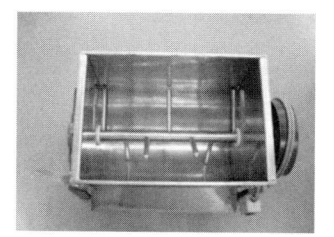　　　図 3.5　混合機（内部）

(b) 原材料の配合割合および製造工程

(1) 原材料の配合割合

原材料	配合割合(%)	重量(g)
中力粉	100	1000
食塩	2～3	20～30
水	30～36	300～360

（10食分；1食当たり小麦粉100g）

(2) 製造工程と所要時間の概略

○準備　　中力粉，水，食塩，　　　　10分
○混合　　食塩を溶かした水を添加　　15分
○複合　　製めん機でめん体を調製　　10分
○ねかし　　　　　　　　　　　　　　60分
○圧延　　製めん機でめん体を薄く延ばす．　10分
○切り出し　切り出しロールでめんを細く切る　10分
○製品

(3) 製造工程

① 中力粉，水，食塩を計量する．

② 食塩を水に溶かし，混合機を用い小麦粉にゆっくりと加えながら，15分間混合する．この時，生地は一塊にせず，そぼろ状にすることで，水分を均一に分散させる．

③ 混合した原料を製めん機の圧延ロールにかけ，帯状のめん帯に調製する．

④ 巻き取っためん帯は，2本合わせ，再度圧延ロールにて複合し，1本のめん帯にする．この操作を数回繰り返し，徐々に厚いめん帯にする．

⑤ 複合されためん帯は，乾燥を避け1～3時間ねかせる．

⑥ 圧延ロールの幅を徐々に狭め数回圧延し，めん帯を薄く圧延する．

⑦ めん帯の切り出しは，切り出しロールにかけて，連続的にめん線を切り出す．めん線が張り付かぬように打ち粉をする．

　a) 生めんは，長さを20～25cmで切断し，一食当たり130g前後となるように調製する．

　b) ゆでめんは，めんの10倍以上のお湯でゆで，ゆで上がったら冷水で急冷する．

　c) 乾めんは乾燥速度に注意しながら，ゆっくりと乾燥させる．急激に乾燥を行うとひび割れを引き起こす．食塩はひび割れ防止作用をもつ．

(C) 品質評価試験

めん類の基準的な評価法は，農林水産省食品総合研究所および食糧庁にて下記のような方法が提案されている．

(a) 試料の調製

一定の原料配合，定められた製めん方法で厚さ2.5mm，幅3mm（切り刃10番使用），長さ

25 cm 前後の試料を調製する．生めんは同一時間ゆでるか，あるいは同じゆで状態にゆで，官能検査を行う．

(b) 品質評価

品質評価の評価項目は，色，外観（はだ荒れ），食感（硬さ，粘弾性，滑らかさ），食味の 4 項目で行われる．配点割合および詳細は，表 3.2 のとおりである．

表 3.2 ゆでうどんの品質評価表

評価項目と配点		不良			普通	良		
		かなり	すこし	わずかに		わずかに	すこし	かなり
色	20	8	10	12	14	16	18	20
外観（はだ荒れ）	15	6	7.5	9	10.5	12	13.5	15
食感（硬さ）	10	4	5	6	7	8	9	10
（粘弾性）	25	10	12.5	15	17.5	20	22.5	25
（滑らかさ）	15	6	7.5	9	10.5	12	13.5	15
食味（香り，味）	15	6	7.5	9	10.5	12	13.5	15
合計点	100							
総合評価	100	40	50	60	70	80	90	100

(D) レポートの書き方

題　目：うどんの製造に関する報告

1．製造理論
2．製造工程
3．製造時の記録
　(1)　小麦粉量（g）
　(2)　食塩量（g）
　(3)　加水量（g）
　(4)　混合時間（分）
　(5)　複合方法（回数，厚さ）
　(6)　熟成時間（時間）
　(7)　圧延方法（回数，厚さ）
　(8)　切り出し（細さ）
　(9)　でき高個数
4．品質評価
5．所　感

3.1.3　中華めんの製造

（A）　製造理論

　中華めんは，水の代わりにかん水を使って生地を混ねつし，調製しためんである．かん水は，炭酸ナトリウムおよび炭酸カリウムを主体とするアルカリ性の水溶液である．かん水で混ねつすることで生地はアルカリ性となり，1）グルテンの粘弾性が増加する．2）小麦粉中のフラボノイド色素が黄色に発色する．3）グルテンが変性し特有の風味と食感を出す．4）デンプンが損傷しゆで時間が短くなるなどの作用がある．主原料の小麦粉には，タンパク質が比較的に多い準強力粉が使われるが，胚乳中心部の上級粉を使用することが多い．これは，めんが熟成時に小麦粉中のチロシナーゼの作用により，暗い色へと変色するのを防止するためで，チロシナーゼが胚乳皮部に多く分布し，中心部には少ないことからである．

　また，中華めんはうち立て直後より，少しねかせた方が味がよいといわれるが，グルテンがかん水によって変性し，こしが増加するためである．

- かん水

　　中華めんは中国で作られていたアルカリめんで，中国東北部の土壌が強いアルカリ性であったため，製造に使われた井戸水も強いアルカリ性を示すことから，独特のめんとなった．現在，日本で使用されているかん水は，この井戸水の成分を基に調製しており，炭酸カリウム（K_2CO_3）が主成分である．粉末と液体があるが，現在多く用いられているのは，粉末である．

（B）　製造方法

（a）　使用器具

　①　製めん機　　②　混合機　　③　ボール　　④　めん棒　　⑤　はかり
　⑥　メスシリンダー　　⑦　めん切り包丁

(b) 原材料の配合割合および製造工程

(1) 原材料の配合割合

原材料	配合割合(%)	重量(g)
準強力粉	100	1000
かん水	0.8～1.2	8～12
食塩	0～2	0～20
水	30～35	300～350 ml

重量（10食分；1食当たり小麦粉として100 g）

(2) 製造工程と所要時間の概略

- ○準備
    準強力粉，水，食塩，かん水の計量　　10分
- ○混合
    かん水と食塩を溶かした水を添加　　15分
- ○複合
    製めん機でめん体を調製　　10分
- ○ねかし　　60分
- ○圧延
    製めん機でめん体を薄く延ばす　　10分
- ○切り出し
    切り出しロールでめんを細く切る　　10分
- ○製品

(3) 製造工程

① 準強力粉水，食塩，かん水を計量する．

② かん水，食塩を水に溶かし，混合機を用い小麦粉にゆっくりと加えながら，混合する．

③ 混合した原料を製めん機の圧延ロールにかけ，帯状のめん帯に調製する．

④ 巻き取っためん帯は2本合わせ，再度圧延ロールにて複合し，1本のめん帯にする．この操作を数回繰り返し，徐々に厚いめん帯にする．

⑤ 複合されためん帯は，乾燥を避け1～3時間ねかせる．

⑥ 圧延ロールの幅を徐々に狭め数回圧延し，めん帯を薄く圧延する．

⑦ めん帯の切り出しは，切り出しロールにかけて連続的にめん線を切り出す．
    めんの長さは約25 cmで切断し，めん線が張り付かぬように打ち粉をする．

⑧ このままの状態はストレートめんであり，縮れめんにするにはめんに打ち粉をし，両手でめんを握る．

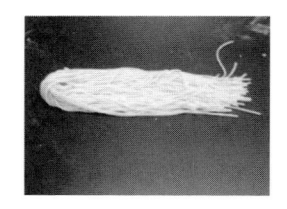

ストレートめん 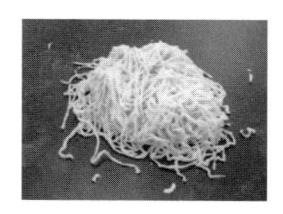　　　　縮れめん 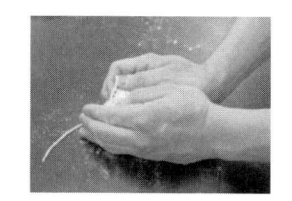　　　　縮れ付け

図3.6　縮れめんの作り方

(C) 品質評価試験

めん類の基準的な評価法は，農林水産省食品総合研究所にて下記のような方法が提案されている．

(a) 試料の調製

一定の原料配合，定められた製めん方法で厚さ 1.4 mm，幅 1.5 mm（切り刃 20 番使用），長さ 25 cm 前後の試料を調製する．生めんは 10 倍量の湯で 3 分間ゆでて官能検査試料とする．

(b) 品質評価

品質評価は，湯切りしためんを熱湯の入った容器に入れ，別の容器の熱い中華スープにつけて評価する．評価項目は，ゆでめん直後（2～3 分間）の食感と食味およびゆで後 7 分の食感を評価する．また，生めんの評価は，めん調製後直後の色相および 1 日後の色相とホシの程度を評価する．なお，配点割合および詳細は，表 3.3 のとおりである．

表 3.3 中華めんの品質評価表

評価項目と配点		不良			普通	良		
		かなり	すこし	わずかに		わずかに	すこし	かなり
生めん								
色相 （直後）	10	4	5	6	7	8	9	10
（1日後）	20	8	10	12	14	16	18	20
ホシの程度（1日後）	20	8	10	12	14	16	18	20
ゆでめん								
食感 （直後）	20	8	10	12	14	16	18	20
食味 （直後）	10	4	5	6	7	8	9	10
食感 （7分後）	20	8	10	12	14	16	18	20
合計点	100	40	50	60	70	80	90	100

(D) レポートの書き方

題　目：中華めんの製造に関する報告

1．製造理論
2．製造工程
3．製造時の記録
    (1)　小麦粉量（g）
    (2)　食塩量（g）
    (3)　かん水量（g）
    (4)　加水量（g）
    (5)　混ねつ時間（分）
    (6)　複合方法（回数，厚さ）
    (7)　熟成時間（時間）
    (8)　圧延方法（回数，厚さ）
    (9)　切り出し（細さ）
    (10)　でき高個数
4．品質評価
5．所　　感

3.1.4 クッキーの製造

（A） 製造理論

　クッキーは小麦粉を主原料とし，砂糖，油脂，卵，食塩およびベーキングパウダーなどの膨張剤を使用した焼き菓子のことで，イギリスではビスケット，アメリカではクッキーとよばれているが，この二つに違いはない．フランスのサブレやスコットランドの大きく焼いて切り分けるショートブレッドもクッキーの仲間である．生地を冷やして固めてから切って焼くアイスボックスクッキーや生地を絞り袋に入れて絞り出して焼く絞り出しクッキー，生地をのばして型で抜く型抜きクッキーのほか，スプーンで生地を天板に落とすだけのドロップクッキーなど種類も多数ある．小麦粉は粘りが強いとサクッとした歯触りにならないので，グルテンの少ない薄力粉を使う．バターは塩を含まない無塩バターを使う．バターの代わりにケーキ用マーガリンでもつくれるが風味は劣る．また，植物性油脂のショートニングを加えて，軽い仕上がりにすることもできる．クッキーは生地を混ぜながら材料に空気を含ませていくが，卵はこの空気を抱き込んで生地のサクサク感を作り，卵の水分で生地の硬さを調整する．砂糖は純度が高く吸湿性が低いグラニュー糖かグラニュー糖を粉末化した粉砂糖が適する．

1）甘味料の役割（グラニュー糖，粉砂糖，フロストシュガー，上白糖）
　　i）甘味
　　ii）つや
　　iii）焦げ色をつける
　　iv）水分を抱え込む
　　v）乾きにくく，しっとりした感じを保つ

2）卵の役割（新鮮なもの）
　　i）加熱すると固まる
　　ii）空気と混ざって気泡する
　　iii）乳化性
　　iv）表面に塗ってつや出し

3）油脂の役割（無塩バター，マーガリン，ショートニング，サラダ油）
　　i）柔軟性を与える
　　ii）乾燥を防ぐ
　　iii）保存性を高める
　　iv）風味やコクを与える
　　v）なめらかさ，口当たりのよさ

4）牛乳・乳製品の役割（牛乳，スキムミルク，ホイップクリーム，サワークリーム，練乳）
　　i）栄養価が高い
　　ii）風味を添える

ⅲ）口当たりのよさ

5）膨張剤の役割（ベーキングパウダー，ベーキングソーダー）

　ⅰ）炭酸ガスを発生させ，生地の組織を膨張させる

（B）　製造方法（アイスボックスタイプクッキー）

（a）　使用器具

① 粉ふるい　② ボール　③ ゴムべら　④ のし棒　⑤ ハンドミキサー　⑥ オーブン　⑦ 天板　⑧ ラップ　⑨ ペーパー　⑩ 金網　⑪ はかり　⑫ 冷凍庫

図 3.7　粉ふるい　　　図 3.8　ゴムべら　　　図 3.9　ハンドミキサー

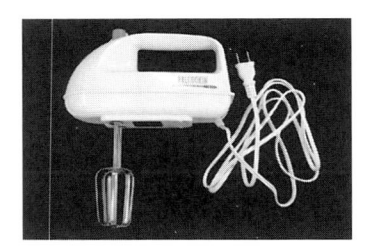

（b）　原材料の配合割合および製造工程

（1）　原材料の配合割合

原　材　料	重　量（g）
薄力粉（白生地用）	90
（ココアまたは抹茶生地用）	85
ココアまたは抹茶	5
無塩バター	120
卵　黄	1 個
砂　糖	60
塩	0.2

＊配合重量はうず巻きクッキー約 30 枚分．
＊各班，ココアと抹茶入り生地の 2 種類を用意する．

（2）　製造工程と所要時間の概略

○準　備　　　　　　　　　　　　　　10 分
　　原材料の計量
○バターの撹拌（ⅰ）　　　　　　　　10 分
○砂糖，塩，卵黄の撹拌（ⅱ）　　　　10 分
○薄力粉の混合　　　　　　　　　　　5 分
○生地の冷凍（ⅰ）　　　　　　　　　5 分
○生地の圧延　　　　　　　　　　　　10 分
　　厚さ 5mm，横 20cm，縦 25cm 程度
○生地巻き　　　　　　　　　　　　　5 分
○生地の冷凍（ⅱ）　　　　　　　　10〜15 分

○整　型　　　　　　　　　　　　　　5 分
　　厚さ 5mm に切断
○焙　焼　　　　　　　　　　　　　10〜15 分
　　150℃
○放　冷　　　　　　　　　　　　　　30 分
○包　装
○製　品

(3) 製造工程

① 下準備： 無塩バター，卵は室温で柔らかくしておく．白生地用の薄力粉とココア，抹茶生地用の薄力粉は，それぞれ別にふるっておく．（ココアと抹茶は薄力粉と合わせてふるう）砂糖もふるっておく．

② 撹拌（ⅰ）： ボールにバターを入れ，ハンドミキサーでよく混ぜる．白っぽくなって，柔らかいクリーム状になるまで十分に混ぜる．

③ 撹拌（ⅱ）： 撹拌（ⅰ）に塩を加え，砂糖を2〜3回に分けて加え入れ，そのつどむらがなくなるまで混ぜる．さらに，溶いた卵黄を2〜3回に分けて加えて分離しないようによく混ぜる．別のボールに約半量を分ける．

④ 混合： 半量入ったボールにふるっておいた白生地用薄力粉の半分を，さらにふるいながらゴムベラでボールを回しながら底から切るようにサックリと混ぜる．まだ少し粉っぽくポロポロの状態で止める．もう半量入ったボールにはココア入りの粉を同様に加えてつくる．抹茶入りも同様に行う．

⑤ 冷凍（ⅰ）： 机の上にラップを約30 cm位に広げ，④の生地をそれぞれ長方形（約8×10 cm）にまとめてラップに包み冷凍庫で5分間冷やす．オーブンを150°Cにセットする．天板を洗って乾かし冷却しておく．

⑥ 圧延： 冷凍庫から生地を出し，ラップを約30 cm位に広げた上にそれぞれの生地をのせ，さらに上からラップをのせ，めん棒で厚さ約3〜5 mm，横18〜20 cm，縦25〜28 cm程度の長方形に延ばす．

⑦ 生地巻き： 白生地の上にココア，抹茶の生地をそれぞれのせ（反対でもよい），太巻きを作る要領で中をよく抑えラップを持ち上げながら，クルクルとうず巻き状に巻き，両端は中に入れ込むようにして型を整える．上から手でなでて平らにならし，ラップでよくくるむ．

⑧ 冷凍（ⅱ）： 巻き上げた生地を冷凍庫で10〜15分間冷やす．

⑨ 整型： 生地を約5 mmの厚さに切る．

⑩ 焙焼： 整型した生地を少し間隔をあけてオーブンシートを敷いた天板に並べる．150°Cに温めておいたオーブンで約10〜15分間焼き，網にのせて放冷する．

⑪ 包装： 放冷したクッキーはプラスチックフィルムに入れてシールする．

⑫ 製品： うず巻きクッキーのでき上がり．

(C) 品質試験および品質評価

でき上がったクッキーは，室温で30分間放冷後，6個のクッキーの縦，横をmm単位で測定して平均の幅（W）を求める．6枚のクッキーを順番を変えて2回重ね，全体の厚さをmm単位で測って，平均の厚さ（T）を求める．これからスプレッド・ファクター（W/T）を計算する．厚さが適当で広がりが大きいものがクッキーとしてはよい．Wは大きいがTが極端に小さ

いものは好ましくないこともあるから，W/T よりも W のほうがより重要である．これらの数値の他に，表面のひび割れの状態を観察する．ある程度大きめのひび割れがたくさんあるほうが，食べ口がソフトなクッキーである．試食して品質評価を行う．品質試験は評点法の5点法により行う．解析法としては一元配置法，二元配置法などがある．

表3.4 うず巻クッキーの品質試験

評価項目	ココア入り	抹茶入り
① かたさ ② 焦げ色 ③ 歯もろさ ④ 風　　味 ⑤ 総　　合		

5 点 法
5 ……………… 良い
4 ……………… やや良い
3 ……………… 普通
2 ……………… やや悪い
1 ……………… 悪い

（D） レポートの書き方

題　目：クッキーの製造実習に関する報告

1．製造理論

2．製造工程

3．製造時の記録

　⑴　小麦粉量（g）

　⑵　無塩バター量（g）

　⑶　砂糖量（g）

　⑷　卵黄　（個）

　⑸　ココア（g）

　⑹　抹茶（g）

　⑺　塩（g）

　⑻　生地冷却時間（分）

　⑼　焙焼時間・温度

　⑽　でき高個数・重量

4．品質試験および品質評価

　⑴　W:　　　　T:　　　　W/T

　⑵　品質評価表

5．所　感

3.2 いも類

3.2.1 ポテトチップスの製造
(A) 製造理論

ジャガイモは，南アメリカのアンデス山脈からメキシコに至る高地を原産地とするナス科の地下茎が肥大したものをいもとして利用する．ジャガイモの主成分は，水分約80％，炭水化物18％である．青果用には男爵薯，メークイン，加工用にはポテトチップス用としてトヨシロ，デンプン原料には紅丸が用いられている．ポテトチップスはジャガイモをスライスして油でからりと揚げた製品で，ビールや洋酒のつまみ，肉料理の付け合わせに用いられる．チップとは，西洋料理の野菜の切り方の一つで，薄い輪切りのことである．ポテトチップスのいもの形状や大きさについては，長形のいもから作ったスライスは割れやすく，スライスに伴うロスも多いので丸形のものが望ましい．大きさは70～80g以上のいもがよく，300gを超えるとスライスが大きすぎて割れやすくなる．ポテトチップスの場合，低デンプンのいもを用いると原料中の水分と油分の交換の際，余分な油を吸収して食味を低下させる．油加工製品の場合，還元糖量がきわめて重要である．還元糖が多いと非常に褐変しやすい．これは，いもの中の還元糖とアミノ酸が反応して起こるメイラード反応によるものである．還元糖含量が高いほど褐変の程度がはなはだしいため，ポテトチップスで0.2％が限界であるとされている．収穫されたジャガイモは，18℃，90％の多湿条件で5～10日間程度かけてキュアリング処理する．その後，加工用については7～13℃，湿度90～95％で貯蔵する．出荷前には貯蔵中に増加した還元糖を減少させるため18℃でキュアリングを行う．ジャガイモを切ると細胞が破砕されて生体中にあるチロシン（アミノ酸の一種）がチロシナーゼという酵素によって酸化され，褐色のメラニンという物質を生ずる．チロシナーゼは水溶性であるから切ってすぐに水につけると溶出し，褐変を防ぐことができる．

調味は塩味を基調にしているが，最近ではカレー味，コンソメ味，ガーリック味などさまざまな味のものがある．ポテトフラワーに調味，着香料を加え，スライス状に成形し，油で揚げたポテトチップス様のものが新しいファブリケーテッドフーズ（組み立て食品）として登場してきた．

(B) 製造方法
(a) 使用器具

① 包丁　② スライサー　③ ボール　④ バット　⑤ 温度計（300℃）
⑥ 中華鍋　⑦ 油切り　⑧ ペーパータオル　⑨ ポリ袋　⑩ シーラー

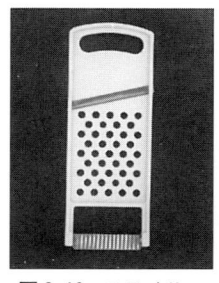

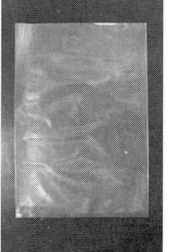

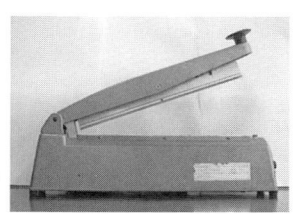

図 3.10 スライサー　　図 3.11 中華鍋　　図 3.12 ポリ袋　　図 3.13 シーラー

(b) 原材料の配合割合および製造工程

(1) 原材料の配合割合

原材料	使用量
ジャガイモ	1 kg（200 g/個）
1％食塩水	3 L（30 g）×2
サラダオイル	1.8 L
青のり	5 g
食塩（振りかけ用）	少々

(2) 製造工程と所要時間の概略

- 準備・下処理
    - 計量・洗浄
    - 皮むき・スライス　　25分
- 食塩水漬け　　30分
- 水洗
- 水切り　　25分
- ペーパータオル
- 二度揚げ　　20分
    - 1度目（100〜120℃）
    - 2度目（180℃位）　　10分
- 放冷　　10分
- 包装
- 製品

(3) 製造工程

① 洗浄・皮むき： 泥を落としきれいに洗い，皮をむく．

② スライス： スライサーで1〜2 mm位に薄く輪切りにする．切ったそばから，1％の食塩水に浸ける．

③ 換え水： 時々食塩水を変えて30分間ほど浸け，表面のデンプン質をきれいに洗い流す．デンプン質が少しでも残っていると黒くなり，揚げてもパリッとしない．

④ 水洗： 塩味が濃くなるので食塩を洗い流す．

⑤ 水切り： ざるにあげ，よく水を切る．

⑥ ペーパータオル： ペーパータオルに一枚ずつ包み，水気をすっかりぬぐいとる．

⑦ 二度揚げ： 一度目は低めの温度（100〜120℃位）の油でゆっくりと揚げ，ジャガイモの中の水分と油を入れ替える．二度目は高温（180℃位）で揚げる．二度揚げすると表面の外側が脱水され，パリッとし，歯ざわりがよくなる．色が少し付く程度にしないと褐色に焦げて苦くなるので注意が必要である．

⑧ 青のり・食塩振りかけ： 温かいうちに，1）青のり，2）食塩を少し振りかけて味を付ける．
　　1）青のり味，2）塩味の2種類をつくる．
⑨ 放冷： 少し（10分間程度）冷やす（長くそのままにしておくと吸湿する）．
⑩ 包装： ポリ袋に入れシーラーで密封する．
⑪ 製品： 仕上がり重量を測定する．

（C） 品質試験

　でき上がった 1）青のり味，2）塩味のポテトチップスは試食して品質評価を行う．品質評価は両極5点評点法により行う．解析法としては一元配置法，二元配置法などがある．

表 3.5　ポテトチップスの品質評価表

評価項目	青のり味	塩　味
① かたさ ② 焦げ色 ③ 歯もろさ ④ 風　味 ⑤ 総　合		

両極5点法
非常によい　………＋2
良い　………………＋1
普通　…………………0
悪い　………………－1
非常に悪い　………－2

（D）　レポートの書き方

題　目：ポテトチップスの製造実習に関する報告
1．製造理論
2．製造工程
3．製造時の記録
　(1) ジャガイモの個数および重量
　(2) 食塩水濃度
　(3) 食塩水浸漬時間および換え水回数
　(4) 水切り後の重量
　(5) 油の温度　（1度目）　　　℃ ，（2度目）　　　℃
　(6) でき高重量　青のり味　　　　塩味
4．品質評価
5．所　感

3.2.2 こんにゃくの製造

（A） 製造理論

こんにゃくいもは，東南アジアの熱帯から温帯に分布するサトイモ科に属する多年生の作物で，地下茎は塊茎をなし，これを一般にこんにゃくいもまたはこんにゃく玉とよんでいる．主たる産地は群馬，福島，栃木，茨城の4県で栽培の75％を占めている．この塊茎の4〜5年たったものが加工原料に利用される．こんにゃくいもの成分は水分が75〜83％，炭水化物11〜14％でその主成分はグルコマンナンである．グルコマンナンは，加水分解するとグルコース1分子に対しマンノースが1.6分子の割合で生成する粘質多糖類である．このグルコマンナンが多量の水を吸収して膨潤し，粘度の高いコロイド状を呈する．このコロイド溶液にアルカリ（水酸化カルシウム）を加えると水素結合によって部分的に結合し，網状構造を形成する．さらに加熱処理によって凝固を完成し，半透明の弾力性のあるゲルを形成し，食用こんにゃくとなる．食用こんにゃくは，水分約97％，グルコマンナン約2％，pH約11である．食用こんにゃくは，生いもをすりおろして製造する場合（玉こんにゃく）と精粉とよばれるこんにゃく粉から製造する場合がある．

生 い も： こんにゃくいもの多くは，比較的山間部の冷涼な地でしかも排水のよい傾斜地が適地である．ここに5月ごろ種いもを植え，晩秋にかけて収穫した生子を翌年度植え付けたものが1年玉である．翌年これをまた植えて2年玉とし，さらに翌春植えて秋に掘りあげたのが3年玉の生いもである．種いもから3年がかりである．

切り干し： 秋に収穫した生いもは，厚さ4mm，幅20mmくらいに千切りし，火力乾燥により90〜130℃の熱風により2〜3時間乾燥させる．荒粉ともいう（水分約12％）．

精　　粉： この切り干しをつき臼で20時間以上粉砕する．マンナン粒子は他の細胞や組織に比べ特別に硬く，しかも重い性質がある．このため軟らかい細胞・組織が粉になった飛粉は吸引して除く．飛粉を除去し，見た目にも美しい精粉に二次加工する．精粉は混じり物がなく，グルコマンナンが変質せず，糊力のある粉に仕上げる．

（B） 製造方法

（a） 使用器具

① 大木じゃくし　② ホーロー製ボール　③ ステンレス製バット　④ 蒸し器
⑤ 包丁　⑥ 鍋　⑦ ヘラ　⑧ 温度計　⑨ 1Lおよび200mlシリンダー
⑩ ビーカー　⑪ ガラス棒　⑫ ポリ袋　⑬ シーラー

図 3.14 水酸化カルシウムとこんにゃく精粉

図 3.15 メヒジキ粉と青のり

(b) 原材料の配合割合および製造工程

(1) 原材料の配合割合

原材料	重量（g）
こんにゃく精粉（もと）	40
水	1300
凝固剤（水酸化カルシウム）	2.5
副材料	
ⅰ）メヒジキの粉	2
ⅱ）青のり	3
おでん味噌	
砂糖	50
練り味噌	50
みりん	10
しょうゆ	5

＊こんにゃくの精粉（もと）2袋（1袋50g）用意する．1袋は市販板こんにゃく6枚分に相当する．

(2) 製造工程と所要時間の概略

工程	時間
○準備　器具のチェック，湯沸しなど	20分
○のりかき	5分
○放　置	40分
○前練り（副材料添加）	5分
○アク作り	5分
○アク入れ	5分
○型入れ	
○放　置	20分
○アク抜き	10分
○冷　却	10分
○包　装	

(3) 製造工程

① 湯の用意：　1.6 L の水を 90℃ に沸かす．2袋分用意する．

② のりかき：　湯を火からおろし，ホーローのボールに「こんにゃくの精粉」1袋（50 g）を少しずつ入れ，大木じゃくしで，のり状になるまで 2〜5 分間かき混ぜる．2袋分同様に用意する．

③ 放置：　最低 40 分間以上

④ 前練り：　副材料を一方に（ⅰ）メヒジキの粉を 2 g，もう一方に（ⅱ）青のり 3 g をそれぞれ入れて均等に混ざるようによく撹拌する．

⑤ アク作り：　ビーカーにぬるま湯 130 ml を用意し，凝固剤 2.5 g を入れ，アクをつくる．

⑥ アク入れ：　木じゃくしで練りながらアクを入れ，すばやくかき混ぜる．この時，こんにゃ

くがキョロキョロするが，心配せずもとの「のり状」になるまで練る．
⑦ 型入れ： これをバットに移して型を作る．
⑧ アク抜き： バットの周囲のこんにゃくの上に熱湯を少し入れて，包丁で好みの大きさに切り，寸胴に湯をたっぷり入れ，最低 20 分間以上煮てアク抜きする．
⑨ 冷却： 水道水で冷却する．
⑩ 包装： ポリ袋に入れ，シーラーをする．
⑪ 製品： 1 袋分でき上がり重量約 1.6 kg

（C） 品質評価

でき上がった ⅰ）青のり入りこんにゃく，ⅱ）メヒジキ入りこんにゃくは，最初は何も付けないで行い，次におでん味噌を付けて品質評価を行う．品質評価は評点法の 5 点法により行う．解析法としては一元配置法，二元配置法などがある．

表 3.6 こんにゃくの品質評価

評価項目	青のり粉入り	メヒジキの粉入り
① 色　　沢		
② 特 有 臭		
③ 硬　　さ		
④ 弾 力 性		
⑤ 食　　感		
⑥ 総　　合		

5 点 法
5 …………… 良い
4 …………… やや良い
3 …………… 普通
2 …………… やや悪い
1 …………… 悪い

（D） レポートの書き方

題　目：こんにゃくの製造実習に関する報告

1．製造理論
2．製造工程
3．製造時の記録
　(1)　こんにゃくの精粉使用量
　(2)　こんにゃくの精粉溶解時の水の量および温度
　(3)　のりかき後の放置時間
　(4)　水酸化カルシウム使用量（～g～mlに溶解）
　(5)　副材料の品名および使用量
　(6)　型入れ後の放置時間
　(7)　アク抜き時間
　(8)　仕上り重量
　(9)　おでん味噌の配合割合
4．品質評価
5．所　　感

3.3 果　　実

3.3.1　ジャム類の製造
(a)　製造理論

　ジャムの原料となる果実はその種類，品種により個々の特徴のある芳香や色調を有し，また成分としてペクチン，糖，酸を含有している．ジャム類は，果実などに含まれているペクチンの凝固性，すなわちペクチンの水溶液が粘性を有し，適度の糖（補糖）と酸（有機酸）の比率が適当なとき，濃縮することによりゲル（ゼリー）化する特性を利用した製品である．ゼリー化に関する各成分の量的割合は一般的にペクチン（高メトキシルペクチン）0.3～1.0％，有機酸 0.2～1.0％（pH 2.8～3.5），糖 60～80％であるが，最適量は各成分含有量の相互作用で変わってくる．

　高メトキシルペクチン（HMペクチン）の場合は，ペクチン，糖－酸－水によるゲルで，ペクチンのゲル形成能はペクチン分子の水素結合に起因している．砂糖はペクチンの脱水剤として作用し，酸はカルボキシル基の解離を防止し，相互にペクチン分子間の水素結合の形成を助長していると考えられている．ジャムは，この原理を応用して果実を加熱して水分を蒸発させ濃縮しながら，2～3回に分けて加糖してペクチンにより適度な硬さにゼリー化させた保存食品である．

　一方，低メトキシルペクチン（LMペクチン）では砂糖を添加しなくても少量のカルシウムその他 2 価の金属イオンがあればイオン結合でゲルをつくる．これは Ca^{2+} によってペクチン分子間の架橋構造がつくられゼリー化するものと考えられている．この性質を利用して甘味を抑えた低糖度ジャム類がつくられている．

(b)　ペクチン
(1)　ペクチンの構造とゲル生成

　ガラクツロン酸およびペクチンの構造は図 3.16 に示した．ペクチンは植物の細胞膜に多く含まれる酸性多糖類で，その大部分がメチルエステル化されたポリガラクツロン酸の鎖状の高分子化合物（重合度 200 以上）である．果実，野菜に多く，セルロース，ヘミセルロースと共存して細胞を保持し，果実の硬さに関連する成分で熟成に伴い著しく変化する．未熟のときは水に溶けないプロトペクチン（protopectin：ペクチンとセルロースが結合したもの）として存在するが，成熟するにつれて水溶性のペクチン（pectin）またはペクチニン酸（pectinic acid）になる．組織が軟化すると，さらにペクチン酸（pectic acid）となる．ペクチンは利用上メトキシル基 7％以上のものを HM ペクチン，7％未満のものを LM ペクチンと区別している．

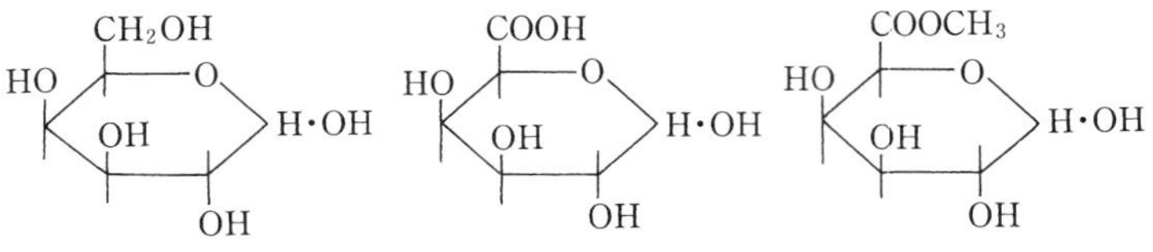

D-ガラクトース　　ガラクツロン酸　　ガラクツロン酸のメチルエステル

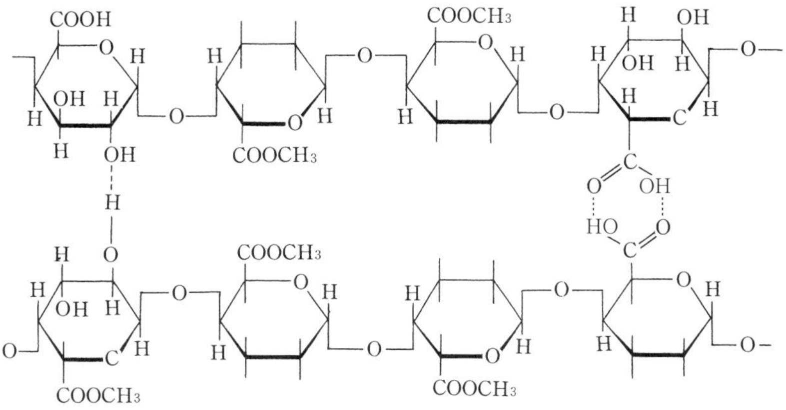

高メトキシルペクチンゲル

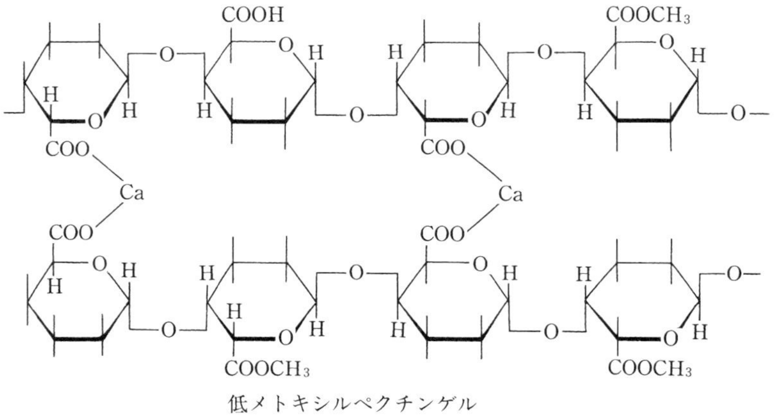

低メトキシルペクチンゲル

図3.16　ペクチンの構成糖とペクチンゲルの生成機構

(2)　HM ペクチンゲル形成の条件

糖濃度 50 % 以上が必要である．良質なゲルは 60 % 以上要求される．最適 pH は 2.9 ～ 3.5（0.3 ～ 0.5 % 有機酸として）で主としてクエン酸を加え調整する．

(3)　LM ペクチンゲル形成の条件

糖がなくても 2 価の陽イオン（Ca^{2+}）の存在下でゲル化する．pH 2.6 ～ 6.5 まで安定で，Ca の所要量はペクチン 1 g に対し，酵素分解法のものは 4 ～ 10 mg，アンモニア法のものは 15 ～ 30 mg である．Ca 剤は塩化カルシウム，クエン酸カルシウム，乳酸カルシウムなどがあり，そ

の他組織安定剤としてガム類，カラゲーナンなどもある．LM ペクチン使用で低糖度ジャム（35 〜 55 ％）が製造できる．ただし，LM ペクチンのゲルも糖度 60 ％以上では水素結合型になるといわれている．

(c) 砂糖の添加について

砂糖は果実成分のペクチンや酸と相互作用し，ゼリー状の組織を形成する．常温で水に 67 ％溶解し，水分活性（Aw）は約 0.85 であり，一般の酵母や細菌は繁殖できないので保存性を有する．

(d) 有機酸の添加について

酸の役割は，添加することで pH を低下させゼリーを形成させることである．また，酸はジャム類の香味や色調の向上に関与しており，いちごジャムでは，アントシアン系色素が酸性側で安定し，鮮やかな赤色を呈する．さらには砂糖の転化に関連し，結果として糖類の結晶化を防ぎ Aw を下げる．

(A) いちごジャムの製造方法

(a) 使用器具

① ジャケット付二重釜 　② 天　秤 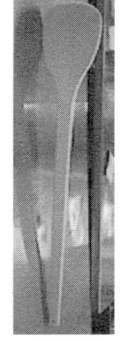　③ 撹拌用ヘラ 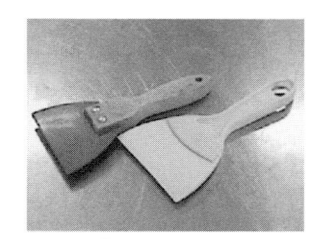　④ ゴムヘラ

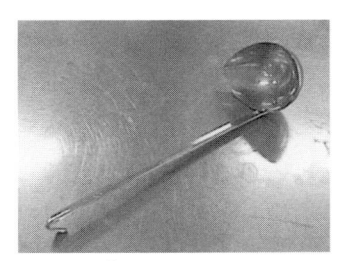

⑤ レードル 　⑥ ステンレス寸胴 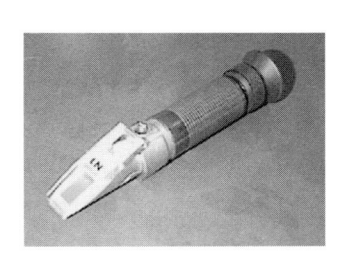　⑦ 手持ち屈折糖度計

(b) 仕上がり重量の算出方法

ジャム類の仕上がり重量は以下の算出式からおおよその量を計算することができる．

$$\frac{全糖量}{仕上がり糖度：屈折率糖度（Brix）} = 仕上がり重量$$

例）いちごジャムの仕上り重量の算出方法

原料いちご 10 kg に対して 10 kg の砂糖を添加して，仕上り糖度 60 になるように製造するものとすると，いちごの糖度はおよそ 7％であるから

いちご 10 kg 中の糖量　　$10 \times 0.07 = 0.7$（kg）

$$\frac{10（添加糖量）＋0.7（いちご 10 kg 中の糖量）}{0.6（仕上がり糖度）} = 17.8（kg）$$

(c) 原材料の配合割合および製造工程

(1) 原材料の配合割合

原材料	重量
加糖冷凍いちご	13 kg
上白糖	10 kg
LMペクチン	71.2 g [1]
クエン酸	35.6 g [2]
水	5 kg

1) 仕上り重量に対して 0.4％
2) 仕上り重量に対して 0.2％

(2) 製造工程と所要時間の概略

- 準備（材料計量と選別）　　15分
- 砂糖（1/3 のうち 1 kg）＋ ペクチンを温湯 5 kg に溶解　　5分
- いちご投入
- 加熱濃縮
    - 砂糖（1/3）
    - 砂糖（1/3）
    - 砂糖（1/3）
    - クエン酸　　20分
- 仕上がり（Brix 59）　　15分
- 充填　　20分
- 殺菌（倒立保持殺菌）90℃　　60分
- 冷却

(3) 製造工程

① 蒸気釜に少量の湯を入れる．

② 温水 5 kg に 1 kg の砂糖と粉末 LM ペクチンを混合したものを加えて釜で加熱溶解する．

③ 冷凍いちごを加えて加熱する．濃縮（煮詰）しながら，いちごの「アク」を取り除く．

④ 砂糖を 3 回に分け沸騰してから順次加糖を行う．

　＊　最初から高濃度の糖液にすると果肉が収縮し液面に浮き上がるので，これを防ぐために徐々に加糖して濃度を上げ，糖を容易に果肉へ浸透させるようにする．

⑤ 仕上げ直前にクエン酸を少量の水に溶解して加え，よく撹拌する．

⑥ 仕上げ点は「スプーンテスト」，「コップテスト」（水中のゼリー化状態を見る），屈折糖度計法で決定する．

⑦ 濃縮が終了後，熱いうちに粒が均一になるように瓶にジャムを注入し，口のまわりをふき取りふたをしめて倒置する．

⑧ 95℃の湯槽で20分間（中心温度85℃）保持殺菌を行う．

⑨ 殺菌直後の瓶は急激な冷却を避ける．

⑩ 殺菌，水冷後，ジャムに粘性がでて凝固し始めたら正立させて気泡が混入しないように静かに固形を分散させる．

（B） マーマレードの製造方法
（a） 使用器具

いちごジャムに準じる．

（b） 原材料の配合割合および製造工程

（1） 原材料の配合割合

原 材 料	重 量
オレンジ果皮	9 kg
オレンジ果汁	1.5 kg
上白糖	24 kg
LMペクチン	200 g [1]
クエン酸	80 g [2]
水	5 kg

1) 仕上り重量に対して 0.48 %
2) 仕上り重量に対して 0.19 %

（2） 製造工程と所要時間の概略

○準備（材料計量と選別） 15分
○砂糖（1/3のうち1kg）+ペクチンを温湯5kgに溶解 5分
○オレンジ果皮・果汁の投入
○加熱濃縮
　砂糖（1/3）
　砂糖（1/3）
　砂糖（1/3）
　クエン酸 20分
○仕上がり（Brix 59） 15分
○充填 20分
○殺菌（倒立保持殺菌）90℃ 60分
○冷却

（3） 製造工程

① 果皮は開缶後に葉，軸，変色果皮などの夾雑物や異物を除去する．

② 果皮および果汁を二重釜に入れる．

③ ペクチンを混合した砂糖を加え濃縮を開始する．

④ 沸騰したら順次（2回に分けて）加糖を行う．

　＊ 最初から高濃度の糖液にすると果肉が収縮し液面に浮き上がるので，これを防ぐために徐々に加糖して濃度を上げ，糖を容易に果肉へ浸透させるようにする．原料のアクは濃縮中にこまめに取り除く．

⑤ 仕上げ直前（Bx 58）に少量の水に溶解したクエン酸を加える．

⑥ 仕上げ点は「スプーンテスト」,「コップテスト」（水中のゼリー化状態をみる），屈折糖度計

⑦ 濃縮が終了後，熱いうちにマーマレードを瓶に注入し，口のまわりをふき取りふたをしめて倒置する．
⑧ 95℃の湯槽で20分間（中心温度85℃）保持殺菌を行う．
⑨ 殺菌直後の瓶は急激な冷却を避ける．
⑩ 殺菌，水冷後に粘性がでて凝固しはじめたら，倒置して気泡が混入しないように静かに固形を分散させる．

(C) 仕上がり（ゼリー点）の決定法

ジャムの製造において重要な工程は，ジャムの煮詰めの終点を判断することである．濃縮が不足して仕上がり点に達しないと固まらず，濃縮しすぎると飴状になる．仕上がり点は次の方法により判断する．

(a) 屈折糖度計法

第2章 2.1.2 糖度を参照（p.34）．

(b) スプーンテスト，コップテストによる方法

初めてジャムを作る人には難しいが，熟練すれば大変便利な方法である．スプーンテストは液を一瞬さましてから，スプーンを傾けて液の滴下する状態をみる．コップテストは濃縮中の液を冷水を入れたコップの中に滴下し固まる状態をみる．

(D) 品質試験および品質評価

(a) 内容品質検査

製品について表3.7に示す品質検査表に従って品質試験を行う．なお，真空度は真空度計，糖度は屈折糖度計，pHはpHメーターを使用する．

表3.7 品質検査表

	自製品	市販品
1. 品　名		
2. 社　名		
3. 賞味期限（製造年月日）		
4. 総重量（g）		
5. 内容重量（g） （総重量－容器重量）		
6. 容器重量（g）		
7. 真空度（cmHg）		
8. 糖　度（Brix）		
9. pH		

（b） 品質評価

製品については内容品質検査とは別に，色や香り，味，ゼリーの状態などの官能的な部分について検査を行う．表3.8に品質評価表を示した．ジャムはパンや菓子類のトッピング材料として使用することが主な用途となるので，そのままの状態を評価するだけでなく，食パンなどを使用してゼリーの伸展性あるいはパンの風味との調和などもみる必要性がある．

表3.8　品質評価表

項　目	自製品		市販品	
	評価	点	評価	点
1．色　沢				
2．甘　味				
3．酸　味				
4．旨　味				
5．香　気				
6．ゼリー状態				
7．の　び（まろやかさ、とろみ）				
8．形　態				
9．欠　点				
10．総合評価				

（E） レポートの書き方

題　目：いちごジャムおよびマーマレード
　　　　の製造実習に関する報告

1. 製造理論
2. 製造工程
3. 製造時の記録
   (1) 使用原料名，品種，産地
   (2) 基本配合割合
       ① 原料重量　　　　　kg
       ② 加糖量　　　　　　kg
       ③ ペクチン　　　g　　　％
       ④ クエン酸　　　g　　　％
   (3) 製造方法
       1) 仕上り重量の算出方法（式）
       2) 配合割合
           ① 原料重量　　　　　kg
           ② 原料糖度 Bx
           ③ 加糖量　　　　　　kg
           ④ ペクチン　　　g
           ⑤ クエン酸　　　g
           ⑥ 仕上り糖度 Bx　　　％
       3) 殺菌：方法　　　℃　　　分
       4) でき高　　　　　個
4. 品質試験および品質評価
5. 所　感

題　目：いちごジャムおよびブルーベリージャム
　　　　の製造実習に関する報告

1. 製造理論
2. 製造工程
3. 製造時の記録
   (1) 使用原料名，品種，産地
   (2) 仕上がり重量の算出方法（式）
   (3) 配合割合
       1) 原料重量　　　　　kg
       2) 原料糖度 Bx
       3) 加糖量　　　　　　kg
       4) ペクチン　　　　　g
       5) クエン酸　　　　　g
       6) 仕上がり糖度 Bx
   (4) 殺菌：方法＿＿＿＿＿＿＿，
       　　　　＿＿＿＿（℃），
       　　　　＿＿＿＿（分）
   (5) でき高　　　　　個
4. 所　感

3.3.2 びわ缶詰の製造

(A) 製造理論

びわは，中国原産バラ科の果実で晩秋から初冬に開花し，5〜6月に熟する．主産地は九州，四国，長崎県茂木，静岡県土肥，千葉県富浦など，暖かい海岸地方に多い．開花から結実して成熟するまでの期間が長いわりには出回る期間は短く，5月中旬〜6月中旬の初夏に出回る．前半は茂木びわ，後半は田中びわが市場に出る．品種では茂木びわと田中びわが過半数を占める．茂木びわは，長崎県の地名からつけられた名前である．やや細長い楕円形で皮は赤みを帯びた黄金色で1果50gほどの小粒ながら，皮はむきやすく，果肉は厚く多汁で，酸味が少なく，甘みが強い．寒さに弱く，長崎県や鹿児島県に多い．田中びわは茂木びわを田中芳雄氏が千葉県の富浦で実生してできた変性品種である．茂木よりやや大きく1果60〜80gで，丸形である．皮も果肉も淡黄色でやや酸味があり，甘みとのバランスがよい．寒さに強く，千葉県および瀬戸内海沿岸で栽培される．主な成分は炭水化物で10.6%，またカロテンが810μgと多く含まれている．

缶詰は，食品をあらかじめ調理加工して金属製缶中に肉詰したのちに，脱気，密封し，これを加熱殺菌，冷却して製造するものである．すなわち金属製缶（サニタリー缶）によって外気や有害微生物の侵入もなく，加熱によって原料中の微生物や酵素の活性をなくし，長期間保蔵を可能にするものである．びわの持つ色沢，風味を生かして剥皮，種核を除去したのちに，丸のままシロップ漬けにしたものである．びわ果実（図3.17）の中の種子や種子防壁膜には，タンニン含量が多く渋味や褐変の原因となるので十分に除去する．また，酸化酵素（ポリフェノールオキシダーゼ）による褐変作用が強いので酵素を失活させるために，食塩水に浸漬したり，加熱したりする．

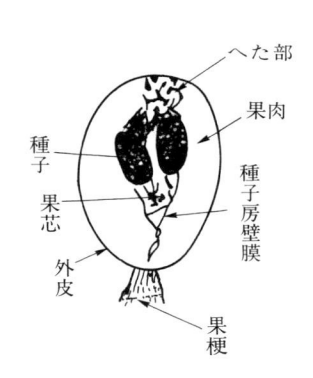

図 3.17 茂木びわ果実断面

(B) 製造方法

(a) 使用器具

① 種抜き器（穿孔器，種子および種子防壁膜除去カギ）　② 包丁　③ ボール
④ 蒸し器　⑤ 温度計　⑥ 糖度計　⑦ pHメーター　⑧ ホームシーマー
⑨ 缶マーカー　⑩ 5号缶（サニタリー缶）

86　第3章　農産物の加工

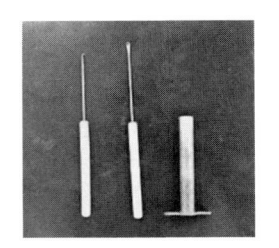

図3.18　種抜き器
（左から種子および種子防壁膜除去カギ，穿孔器）

図3.19　缶マーカー

(b) 原材料の配合割合および製造工程

(1) 原材料の配合割合

原　材　料	重　量（kg）
び　わ	1.8
上白糖	0.3～0.5
食　塩	0.03（30 g/3 L）

＊5号缶6個分

(2) 製造工程と所要時間の概略

```
○準備
    計量，洗浄              10分
○果梗部・へた部除去（塩水浸漬）
○種核・芯除去（塩水浸漬）    40分
○ブランチング（湯通し）      3分
○除皮
○冷却・水切                 15分
○肉詰
○シラップ注加               30分
○缶マーク                   10分
○脱気                       10分
○巻き締め                   10分
○加熱殺菌                   10分
○冷却                       20分
○製品
```

(3) 製造工程

① 洗浄：　びわをさっと水洗いする．

② 果梗部・へた部除去：　図3.20に示したように果梗部を包丁で少し切除する．あまり深目に切らない．へた部を穿孔器で穴を開け，そこから種子を種子除去カギで一つずつ取り出す．次に，種子防壁膜や芯にはタンニンが多く，製品に影響するので，芯部は十分にきれいに取り除く．この時，果肉に傷をつけたり，裂けたりしないように注意をする．原料処理中にポリフェノールオキシダーゼによって褐変するので

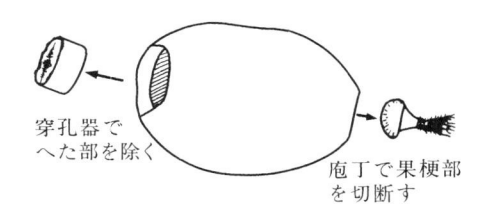

図3.20　びわの果梗部・へた部
（穿孔器でへた部を除く／庖丁で果梗部を切断す）

処理はすばやく行い，終わったものは1％の食塩水に浸漬する．

③ ブランチング（湯通し）・皮むき・冷却： 蒸器にたっぷりの湯を沸かし，おたまでかき回しながら，びわを底につけないように95℃の湯に3分間湯通しをしてポリフェノールオキシダーゼを失活させ，果肉を軟らかにして取り出して熱いうちに果梗部のほうから皮をむき，ただちに流水中に浸して5分間冷却する．湯通しの温度と時間を守らないとびわの色がきたなくなるので注意を要する．1回に全部処理しないで2回に分けたほうがよい．

④ 水切り： 冷却し終わったものをざるに上げ，十分に水気を取り去る（糖度をはかる）．

⑤ 肉詰： 肉詰は5号缶の規格固形量が丸びわで160gであるから10〜15％多く肉詰する．へた部を上にして詰める．

⑥ シラップ注加： シラップ漬け製品の開缶時糖量が16％で内容総量312gとなるようにシラップを調整して注加する．シラップは沸騰後注加する．

⑦ 缶マーク： 缶マーカでふたに缶マークをする．

上段 品名：LT（びわ），調理方法：Y（シラップ漬），大きさ：L（Lサイズ）

その他は図1.9および表1.8を参照．

⑧ 脱気： シラップ注加後，あらかじめ湯を沸騰させておいた蒸し器に中ぶたをのせ，缶のふたを斜めにのせた5号缶を並べて入れ，5分間脱気する．

⑨ 巻き締め： 脱気の終わったものは熱いうちに軍手を使用し，すばやくホームシーマーで巻き締める．

⑩ 加熱殺菌： 蒸し器で沸騰水中10分間殺菌する．

⑪ 冷却： 流水中で中のものが冷たくなるまで冷却する．

(c) シラップ注加量の計算方法

シラップ漬け製品の開缶時糖量が16％で内容総量312gあるから，200g肉詰したびわの糖量を10％とすれば，以下のような計算式によって注加する糖量を求めることができる．

$312 \times \dfrac{16}{100} = 49.92$ g ・・・・・・・・・・・・・・缶内総糖量

$200 \times \dfrac{10}{100} = 20.0$ g ・・・・・・・・・・・・・肉詰びわ総糖量

$49.92 - 20.0 = 29.92$ g ・・・・・・・・・・・・・補添すべき糖量

$312 - 200 = 112$ g ・・・・・・・・・・・・・注加糖量

$\dfrac{29.92}{112} \times 100 = 26.71$ ％ ・・・・・・・・・・・注加糖濃度

すなわち，一缶当たり濃度26.7％の糖液を112gを注加すればよい．

(C) 品質試験および品質評価

でき上がった製品については開缶検査を行う．びわ缶詰は製造後少なくとも6ケ月〜1年おい

たほうがびわにシラップが浸透し，果肉も柔らかくなり味覚が向上する．自製品と市販品とで比較する．

(1) びわの開缶検査

表 3.9 びわ缶詰の開缶検査

検 査 項 目	自 製 品	市 販 品
1．品名		
2．品名缶マーク		
3．社名		
4．社名缶マーク		
5．賞味期限		
6．真空度（cmHg）		
7．総重量（g）		
8．容器と固形量（g）		
9．容器重量（g）		
10．内容固形量（g）		
11．シラップ重量（g）		
12．内容総量（g）		
13．開缶時の状態		
14．シラップの pH		
15．シラップの糖度		
16．固形物の糖度		
17．個数および粒状態		
18．夾雑物		
19．缶の内面		
20．総合評価		

(2) びわの缶詰の内容品質評価

品質評価は評点法の 5 点法により行う．解析法としては一元配置法，二元配置法などがある．

表 3.10 びわ缶詰の品質評価表

評 価 項 目	自 製 品	市 販 品
① 形　　態		
② 色　　沢		
③ 液　　汁		
④ 香　　味		
⑤ 酸　　味		
⑥ 甘　　味		
⑦ 缶　　臭		
⑧ 食　　感		
⑨ 総合評価		

5　点　法
5 ……………良い
4 ……………やや良い
3 ……………普通
2 ……………やや悪い
1 ……………悪い

(D) レポートの書き方

題　目：びわ缶詰の製造実習に関する報告

1．製造理論
2．製造工程
3．製造時の記録
　(1)　びわの種類
　(2)　びわの個数
　(3)　びわの重量（g）
　(4)　びわの大きさ
　(5)　びわの糖度（へた部・果梗部）
　(6)　びわのpH（へた部・果梗部）
　(7)　食塩水濃度
　(8)　ブランチング温度・時間
　(9)　剥皮後重量（g）
　(10)　冷却後の糖度
　(11)　使用缶名および大きさ
　(12)　缶マーク
　(13)　5号缶内容総量（g）
　(14)　開缶時糖量（%）
　(15)　一缶当たりの平均肉詰量（g）
　(16)　一缶当たりの平均肉詰量個数
　(17)　注入シラップ濃度
　　　①　缶内総糖量（g）
　　　②　肉詰びわ総糖量（g）
　　　③　補充すべき糖量（g）
　　　④　注加糖量（g）
　　　⑤　注加糖濃度（%）
　　　⑥　シラップ製造量（g）
　(18)　脱気温度および時間
　(19)　殺菌法・温度・時間
　(20)　でき上がり個数
4．品質試験および品質評価
5．所　感

3.3.3 くり甘露煮瓶詰の製造

（A） 製造理論

くりは，ブナ科の種子で原産地は北米，欧州，北アフリカ，アジアと広く，日本種は北海道中部から九州まで栽培され，5～6月頃花が咲き，9～10月頃に実が成熟する．堅果は三角錐のような形をしており，光沢のある褐色の皮でおおわれている．この皮は鬼皮とよばれている．鬼皮をはがすと中に渋皮とよばれる薄茶色の薄い膜があり，中の淡黄色の実を食用とする．日本ぐりは銀寄，筑波，丹波，利平などの品種が栽培されている．渋皮が離れにくいうえに果肉が割れやすいが，果肉の色は黄色をしており風味を有する．ゆでぐり，くりご飯，おこわ，甘露煮，きんとん，ようかんなどの材料に用いられる．中国種は渋皮が離れやすいので焼きぐりに適し，天津甘栗として市販されている．

くりの主な成分は炭水化物で36.9％，ビタミンＣも33mgと多く含まれている．特異成分として多くのタンニン（ポリフェノール）を渋皮と果肉に含んでいるので，加工に際して1）食品の変色，2）食品の渋味・苦味，3）にごり，4）沈でんなどの原因になり品質低下を起こすので，酸化酵素のポリフェノールオキシダーゼを不活性化させることが大切である．褐変を防ぐには，食塩水や酢などの酸類が有効である．ポリフェノールオキシダーゼの働きを完全に止めるには加熱して酵素を失活するとよい．

くりの甘露煮は，砂糖液煮により浸透圧が増加し，水分活性が低下するため，微生物の成育が阻止され貯蔵性が高まる．さらに瓶に詰め，脱気，密封，加熱殺菌，冷却することにより，高糖濃度であることなどから，優れた貯蔵性をもつようになる．

（B） 製造方法

（a） 使用器具

① くりの皮むきバサミ　② 包丁　③ ボール　④ 鍋　⑤ 蒸し器
⑥ レードル　⑦ 温度計　⑧ 1Lシリンダー　⑨ メーソン瓶

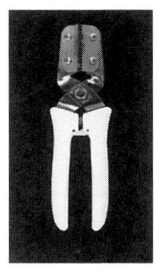

図3.21　くりの皮むきバサミ　　図3.22　メーソン瓶

(b) 原材料の配合割合および製造工程

(1) 原材料の配合割合

原材料	重量（kg）
くり	1.8
上白糖	1〜1.5

＊くりは 300 g×6 瓶分とする．

(2) 製造工程と所要時間の概略

○準備　　　　　　　　　　　　　　10分
　　計量および熱湯の準備
○熱湯浸漬　　　　　　　　　　　　5分
○剥皮　　　　　　　　　　　　　　40分
○塩酸浸漬　　　　　　　　　　　　10分
○焼きミョウバン浸漬　　　　　　　10分
○水さらし　　　　　　　　　　　　10分
○湯煮　　　　　　　　　　　　　　5分
○砂糖液煮　　　　　　　　　　　　15分
○瓶詰　　　　　　　　　　　　　　20分
○シラップ注入
○脱気・密封　　　　　　　　　　　5分
○湯殺菌　　　　　　　　　　　　　10分
○冷却
○製品

(3) 製造工程

① 熱湯の用意：　寸胴に水を入れ沸騰させ，火を止める．

② 熱湯浸漬：　くりを寸胴の熱湯に浸漬し，鬼皮をむきやすくする．熱水にポリフェノールが溶出する．

③ 剥皮：　くりむきバサミで図 3.23 のように鬼皮と渋皮を同時に剥ぐ．
　　a：　上下を切り落とす．
　　b：　両端を上から下に剥ぐ．
　　c：　くりの丸みにそって厚めに剥ぐ．

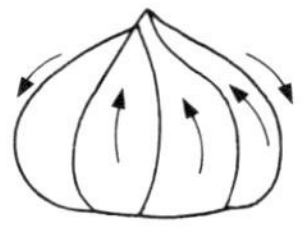

図 3.23　くりの皮のむき方

④ 塩酸浸漬：　剥皮した果肉は 0.1 ％塩酸液に 10 分間浸漬後さっと水洗する．

⑤ 焼きミョウバン浸漬：　0.6 ％焼きミョウバン液に 10 分間浸漬する．

⑥ 水さらし：　流水中で 10 分間水さらしをする．

⑦ 湯煮：　水さらしを行ったくりは鍋に入れ，くりの浸る程度の水を加え，加熱温度はあまり沸騰してくりがおどり，相互に破損を生じない程度に（95℃）で 5 分間煮熟する．

⑧ 砂糖液煮：　煮熟の終わったものは取り出し，同一温度の湯の中に沈めて洗ったのち，砂糖液煮を行う．砂糖液は 45 ％のものを用い，95℃ 位に加温された砂糖液中で 15 分間弱火で煮る．

⑨ 瓶詰：　メーソン瓶は洗浄後，沸騰水中 10 分間殺菌しておく．瓶のふたは湯にくぐらせて

おく．瓶の内容総量：280 g，肉詰量：150 g（平均），シラップ量：130 g 平均（55％糖液：熱い糖液を入れる）

⑩ シラップ注入： 55％糖液をつくり，沸騰後熱いうちに注入する．

⑪ 脱気・密封： シラップ注加後，あらかじめ湯を沸騰させておいた蒸し器に中ぶたをのせ，瓶のふたを斜めにのせたメーソン瓶を並べ，5分間脱気をする．

⑫ 湯殺菌： 蒸し器で90℃10分間湯殺菌する．（瓶はぬるま湯から入れる）

⑬ 冷却： 湯を捨てないでその中に水を入れて瓶にかからないように徐々に冷却する．

⑭ 製品

（C） 品質試験および官能評価

でき上がった製品については瓶の内容検査を行う．くりの甘露煮瓶詰は少なくとも3ヶ月～1年おいたほうがくりにシラップが浸透し，味覚も向上する．自製品と市販品とで比較する．

(1) くりの開瓶検査

表3.11　くり甘露煮瓶詰の開瓶検査

検査項目	自製品	市販品
1. 品名		
2. 社名		
3. 賞味期限		
4. 真空度（cmHg）		
5. 総重量（g）		
6. 容器と固形量（g）		
7. 容器重量（g）		
8. 内容固形量（g）		
9. シラップ量（g）		
10. 内容総量（g）		
11. 開瓶時の状態		
12. シラップのpH		
13. シラップの糖度		
14. 固形物の糖度		
15. 個数および粒状態		
16. 夾雑物		
17. 総合評価		

(2) くり甘露煮瓶詰の内容品質評価

品質評価は評点法の5点法により行う．解析法としては一元配置法，二元配置法などがある．

表 3.12 くり甘露煮瓶詰の品質評価表

評価項目	自製品	市販品
① 形　　態		
② 色　　沢		
③ シラップ		
④ 香　　味		
⑤ 甘　　味		
⑥ 硬　　さ		
⑦ 食　　感		
⑧ 総合評価		

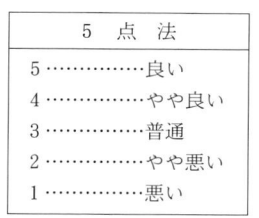

5 点 法
5 ……………良い
4 ……………やや良い
3 ……………普通
2 ……………やや悪い
1 ……………悪い

（D）　レポートの書き方

題　目：くり甘露煮瓶詰の製造実習に関する報告

1．製造理論
2．製造工程
3．製造時の記録
　(1)　くりの種類
　(2)　くりの生産地
　(3)　くりの重量（皮付き g）
　(4)　くりの重量（皮なし g）
　(5)　個数
　(6)　塩酸浸漬濃度および時間
　(7)　焼きミョウバン浸漬濃度および時間
　(8)　水さらし時間
　(9)　湯煮の温度および時間
　(10)　砂糖液煮の濃度および時間
　(11)　1瓶当たりの内容総量（g）
　(12)　1瓶当たりの肉詰量（g）
　(13)　1瓶当たりのシラップ量（g）
　(14)　注入シラップ濃度
　(15)　殺菌法・温度・時間
　(16)　でき上がり個数
4．品質試験および品質評価
5．所　感

3.3.4 みかんジュースの製造

(A) 製造理論

果実飲料は，日本農林規格（JAS）によって，果実を搾汁して得られた果汁の濃度などにより，果実ジュース，果実ミックスジュース，果粒入り果実ジュース，果実・野菜ミックスジュース，果汁入り飲料に分類されている．現在の果実飲料の一般的な製法は，果汁を濃縮した濃縮果汁を用いるものが主流であり，日本においては，果実を原産国にて搾汁，濃縮冷凍された果汁を輸入し，国内の工場で還元し，糖や酸，香料などを調合後，充填して製品となる．

果実の搾汁は，果実を剥皮後，チョッパーパルパー搾汁機にて破砕，搾汁する．チョッパーパルパー搾汁機は，破砕部のチョッパーとふるい部のパルパーとからなり，搾汁は 1.0〜1.5 mm をスクリーンを強制的に通過させられる．その後，0.5 mm 目のスクリーンを通し，さらにシャープレス遠心分離機にてパルプ（不溶性固形物）を除去した後，脱気を行う．濃縮果汁は，調製した果汁を濃縮機にて高温濃縮（70〜80℃，3〜4分間）を行い，1/5〜1/6 とした後，冷凍する．

表 3.13 果実飲料の分類（JAS）

分　　類	規　格　基　準
濃縮果汁	果実の搾汁を濃縮したもの
果実ジュース	果汁分 100 %．ストレートタイプと濃縮還元タイプがある
果実ミックスジュース	2種類以上の果実の果汁を混合したもの
果粒入り果実ジュース	果汁に果粒を加えたもの
果実・野菜ミックスジュース	果汁に野菜の搾汁を加えたもの．果汁の割合が 50 % 以上
果汁入り飲料	果汁分 10 % 以上 100 % 未満、酸や糖、香料を添加したもの

(B) 製造方法

ここでは，温州みかんを用いた，果汁入り飲料（3倍希釈）の製法について記す．

(a) 使用器具

① ジュースエクストラクター　② シャープレス遠心分離機　③ 脱気塔
④ 調合タンク　⑤ 充填機　⑥ 殺菌漕

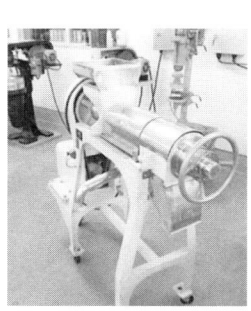

図 3.24　ジュースエクストラクター

図 3.25　シャープレス遠心分離機

図 3.26　脱気塔

図 3.27　自動充填機

(b) 原材料の配合割合および製造工程

(1) 原材料の配合割合

原材料	重量（kg）
温州みかん	300
上白糖	＊
クエン酸	＊＊
香料	＊＊＊

※ 本実習で製造するみかんジュースは3倍希釈用
- ＊ 飲用時に糖度11となるよう（Ⅰ）により調製
- ＊＊ 飲用時に酸度0.5となるよう（Ⅱ）により調製
- ＊＊＊ 飲用時に香料0.1％となるように調製液量に合わせて添加

(2) 製造工程と所要時間の概略

- ○準備　原材料の計量など　　　　10分
- ○湯通し（30秒間）
- ○剥皮　　　　　　　　　　　　　30分
- ○ほろ割り
- ○搾汁およびふるい別
- ○固形分調製　　　　　　　　　　20分
- ○脱気　　　　　　　　　　　　　30分
- ○調合
- ○予熱（60℃）　　　　　　　　　40分
- ○充填および打栓
- ○殺菌（85℃達温殺菌）　　　　　30分
- ○放冷
- ○製品

（Ⅰ）糖度調製法

得られた果汁をブリックス糖度計にて糖度を測定し，砂糖添加量を算出する．算出方法は，ピアソンの4角法を用いると簡便に算出可能である．

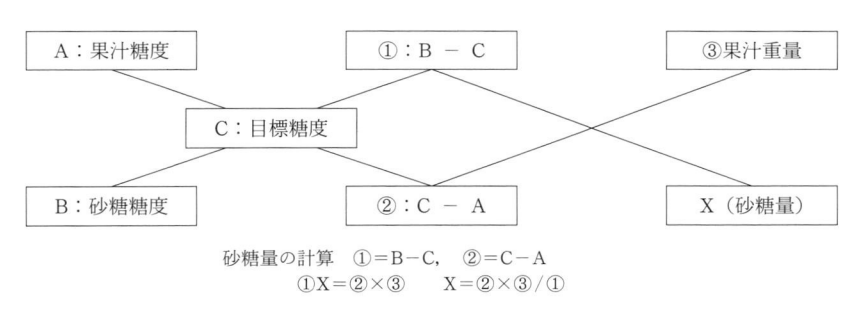

```
A：果汁糖度           ①：B－C            ③果汁重量
        C：目標糖度
B：砂糖糖度           ②：C－A            X（砂糖量）
```

砂糖量の計算　①＝B－C，②＝C－A
①X＝②×③　　X＝②×③/①

図3.28　添加糖量の計算（ピアソン四角法）

（Ⅱ）酸度調製法

（ⅰ）酸度測定

果汁の酸度は，一定量の果汁を採取し，0.1 N-NaOH にて中和滴定を行い，下式より求める．

$$酸度 = \frac{a \times f \times 0.0064^*}{試料採取量（g）} \times 100$$

a ＝ 滴定値（ml）
f ＝ 0.1 N-NaOH のファクター
＊ ＝ 0.1 N-NaOH　1 ml 当たりのクエン酸 g 数

(ⅱ) クエン酸添加量計算

果汁中の酸量　　Y（kg）＝ 酸度 × 果汁体積[1] / 100

クエン酸添加量　X（kg）＝ 目標酸度（1.5）× 加糖後の果汁体積[2] / 100 － Y

1) 果汁の重量から体積への変換

果汁体積（L）＝ 果汁重量（kg）－〔果汁重量（kg）× 糖度 / 100 / 2〕

例　果汁重量　200 kg，糖度　11

X（L）＝ 200 －（200 × 11 / 100 / 2）＝ 189（L）

2) 加糖後の果汁体積

果汁に溶解した砂糖の体積は，砂糖体積（L）＝ 砂糖重量（kg）/ 2 となる．

よって，

加糖後体積（L）＝ 果汁重量（kg）－〔果汁重量（kg）× 糖度 / 100 / 2〕＋ 砂糖重量（kg）/ 2

(3) 製造工程

① 原料みかん（300 kg）を熱湯中に約 30 秒間入れ，湯通しを行い，剥皮を容易にする．
② 剥皮して，果実を 1/2 〜 1/4 にほろ割する．
③ ジュースエクストラクターにて搾汁を行う．
④ ふるい（0.5 mm 目）にかけ，パルプ分の約 30 〜 50 ％を除去する．
⑤ シャープレス遠心分離機にてさらにパルプ分を 3 〜 5 ％程度に調製する．
⑥ 果汁中の，溶存酸素を脱気塔にて脱気する．
　＊ 脱気の方法は，真空中で果汁を 1) 噴霧するもの，2) 薄膜を流下させるタイプなどがある．この工程によって，溶存酸素によるビタミン，色素，ポリフェノール物質などの酸化を抑え，品質劣化を防止し，また好気性菌の生育阻害や充填時泡の発生防止などの効果がある．
⑦ 調合タンクにて加熱（60℃）を行いながら砂糖およびクエン酸を添加する．砂糖が溶解したら香料を飲用時 0.1 ％となるように添加する．
⑧ 調合を終えたジュース原液を充填機に送り，瓶詰，打栓をする．
⑨ 殺菌槽にて 85℃ 達温殺菌を行った後，さらに転倒殺菌を行い，栓裏側を放冷後製品となる．

（C）品質評価

(1) 官能評価

でき上がった製品について色沢，甘味，酸味，苦味，飲み心地，総合について評価する．

(2) 品質試験

製品の pH，糖度，酸度について品質試験を行う．

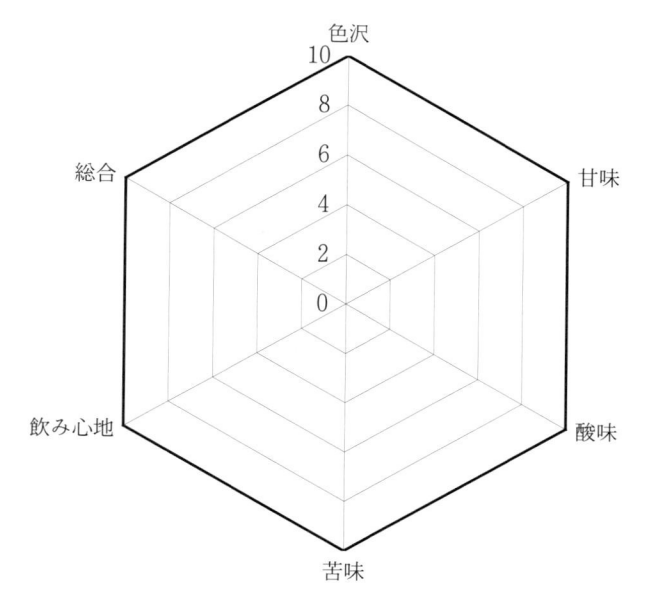

図3.29 みかんジュースの官能評価

（D） レポートの書き方

題　目：みかんジュースの製造に関する報告
1．製造理論
2．製造工程
3．製造時の記録
　(1)　果汁量（kg）
　(2)　果汁糖度（Brix %）
　(3)　砂糖添加量（kg）
　(4)　果汁総液量（L）
　(6)　酸度
　(7)　クエン酸添加割合（%）
　(8)　クエン酸添加量（g）
　(9)　香料添加割合（%）
　(10)　香料添加量（ml）
4．品質評価
5．所　感

3.4 野　　菜

3.4.1 レトルト食品の製造

（A）レトルト食品の定義

レトルトとは殺菌釜のことであり，レトルト食品とはこの釜を利用して加熱・殺菌処理をした食品のことである．レトルト食品の定義は下記のようになる．

(1) 包装材料としてプラスチックのフィルム，必要に応じて金属箔をラミネート（貼り合わせ）したフィルムを用いて気密性のある袋または成形した容器に食品を詰め，開口部をヒートシールで密封した食品．容器が透明か不透明かは問わない．

(2) レトルト殺菌装置を用いて，中心部の温度120℃，4分間と同等以上の加圧加熱殺菌を行い商業的に無菌状態を保った食品．ただし，缶詰，瓶詰は含まない．

(3) 製品化後，常温で流通できるもの．チルド流通帯食品は含まない．

（B）レトルト食品の利点

レトルト食品は，缶詰がその開発の基礎となっており，レトルト食品の殺菌理論は，ほぼ缶詰と同様の理論を用いている．しかし，レトルト食品は缶詰より下記のような点が優れている．

(1) 缶詰や瓶詰に比べ軽量である（製品重量に占める容器重量の比率は，缶詰で10〜25％，レトルト食品で5％以下，瓶詰で45〜90％程度）

(2) 加熱時間が缶詰の1/2〜1/3程度なので，熱による内容物の損傷が少ない．

(3) 使用後の容器処理が楽である．

- レトルト食品の歴史

「レトルトパウチ食品」という製品名称にも採用されている袋容器（レトルトパウチ）は1950年頃アメリカ陸軍の政府研究機関ナッティック開発センターで缶詰に変わる軍用食料として研究が進められ，1955年頃にスウェーデンにおいて世界で初めて企業化されたといわれている．缶詰はナポレオン一世が遠征軍のために食料の長期保存方法を一般から懸賞募集して生まれたが，レトルト食品もその開発には軍が関わっていた．ちなみに，缶詰の製法は1804年，フランスのニコラ・アペールによって開発され，その150年後にレトルト食品が開発されたことになる．

レトルト食品が人々の注目を集めるようになったのは，1969年に打ち上げられた月面探査船アポロ11号にLunarpack（牛肉，ポテトなど5品目）としてレトルト食品が積み込まれ，宇宙で食べられたことが一つのきっかけになった．この年，日本初のレトルト食品"ボンカレー"の市販が開始されている．

(C) レトルト食品の包装材料

基本的にはレトルト食品とは，プラスチック単独またはプラスチックと金属の積層で，熱溶着法によって密封されているものをさす（図 3.30）．レトルト食品は容器の形からパウチ（袋）と成形容器（カップ，トレーなど）に分けられている．レトルト食品の容器は一見，単一のプラスチックから作られているように見えるが，実は数種類のプラスチックや金属箔を貼り合わせて作られている．光と空気（酸素）は食品の品質に悪影響を及ぼすので，これらを完全に遮断する必要がある．また，熱溶解法で密封するのである程度の温度で溶ける必要もある．さらに，印刷の乗りがよく，衝撃にもある程度強くなければならない．このような条件を全て満足するようなプラスチックはないので，それぞれの長所を持ったプラスチックや金属箔を積層して用いている．通常は3層か4層で構成され，最も内側は食品に対する安全性や溶着のしやすさからポリエチレンやポリプロピレンが使用されている．中間層は光や酸素を遮断するための層で，アルミやスチールなどの金属箔が使われている．金属箔は光と酸素を完全に遮断するので今でも多くの商品に使われているが，最近は中身が見えたり，電子レンジ対応の要求が高まったりしていることから，このような商品には新素材が用いられている．外側の層は金属箔の腐食防止，容器の破損防止，印刷効果などの観点からポリエステルフィルムが使用されることが多い．

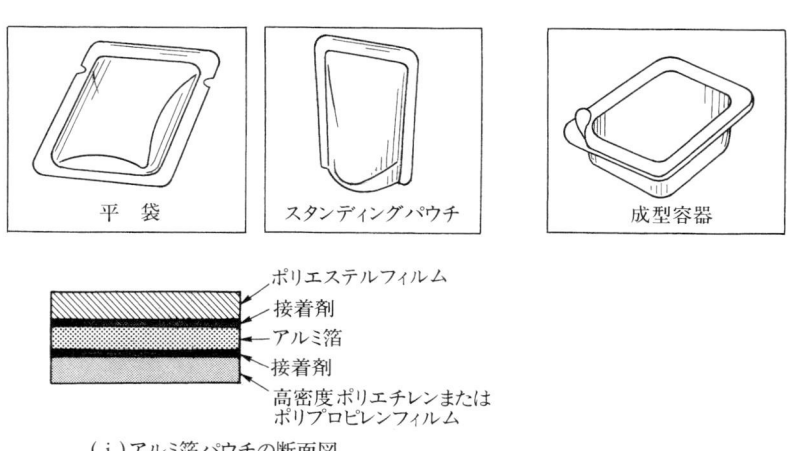

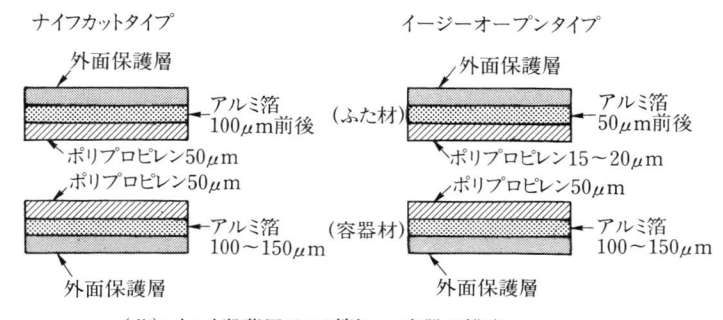

図 3.30 レトルト食品の容器と包材構成例

(D) レトルトカレーの製造

(a) 製造方法

(1) 製造装置

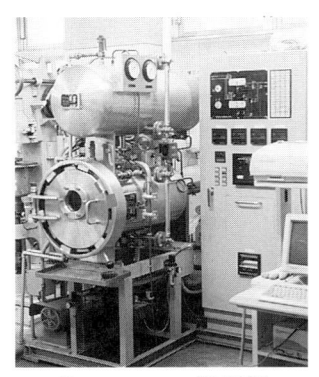

① レトルト殺菌機　　② ジャケット付二重釜　　③ シーラー

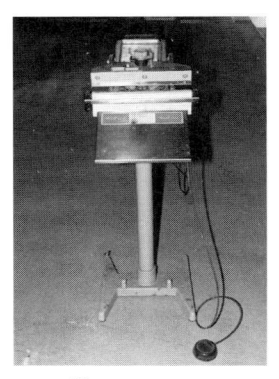

(2) 原材料の配合割合および製造工程

（i） 原材料の配合割合

原材料	重量 (g)
豚　肉（角切り）	20
にんじん（角切り）	15
じゃがいも（角切り）	15
たまねぎ（スライス）	10
カレーソース	145

（17×13 cm 袋）当たり

＊カレーソースは市販のカレールーを使用する．

（ii） 製造工程と所要時間の概略

○準備
　　野菜類、肉、カレーソース原材料の計量　　20分

○具材とソースの調合（同時進行）
　(1) 野菜の除皮
　(2) 肉のカット
　(3) 湯通し
　(4) カレーソースの調合　　40分

○具材とカレーソースの充填
　(1) 計量した各具材をパウチ袋に充填
　(2) 計量したカレーソースを充填　　30分

○シーラーで密封
○レトルトで加熱殺菌
○冷却　　1時間
○製品

（iii） 製造工程

① 原材料の調合：　○野菜を除皮，肉を切断し，湯通しする．

＊　カレーやシチューのようにソースに具材が入っているものは，ソースの調合と，野菜および肉の選別，切断，湯通しなどの処理を平行して行う．これは，普通の料理のように一緒に煮込んでしまうと1袋に入る肉や野菜を一定量入れることができなくなるためである．

② 具材およびカレーソースの充填： 下調理の終わった具材とソースを，パウチ袋にそれぞれ決められた量を充填する．
  * 詰める順序には特別な決まりはないが，カレーソースは最後がよい．
③ 密封： シーラーでパウチ袋を密封する．
  * 密封工程は非常に重要で，保存中に容器内に微生物が浸入して中身を腐らせることがないように，厳重に封をする．密封方法は，容器の一番内側のプラスチックを熱で溶かしてくっつける方法（熱溶着法）を用いる．容器内に空気（特に酸素）がたくさん残ると品質が劣化しやすくなり，また微生物が生き残って食品を腐敗させることがあるので，密封する時はできるだけ空気を取り除く．空気を取り除く方法は，パウチ状の容器では，外側からパウチを押して空気を取り除く方法と，機械で吸引する方法がある．カップやトレーのような成形容器では，窒素ガスや蒸気を吹き付けて容器内の酸素を減らす方法がとられる．
④ 殺菌： 殺菌はレトルトとよばれる特殊な高温高圧釜を用いて，通常115～125℃で10～30分間程度加熱殺菌する．
  * カレーなどは煮込み工程を兼ねており，この時具材に味をなじませる．加熱殺菌したレトルト食品は，その後冷却し，最終検査を経て箱詰される．レトルト食品で最も問題とされる細菌はボツリヌス菌で，この菌は食品中で増殖すると毒素を生産して食中毒を引き起こす．本来，酸素が多い環境では発育しないためほとんど問題にはならないが，レトルト食品中では，酸素濃度が低いために増殖が可能であり，レトルト食品の殺菌はこの菌を完全に殺せるような殺菌条件に設定する．

(b) 品質試験

製品について表 3.14 に示す検査成績表にしたがって品質試験を行う．内容量の測定については缶詰の開缶試験に準ずる．

表 3.14 レトルトカレーの品質試験

	検査項目	検査結果
1	品　　名	
2	総重量（g）	
3	包装材重量（g）	
4	内容総重量（g）	
5	開封時の形態	
	具材の形状	
	色　沢	
	香　味	
	味のバランス	
	夾雑物	
6	包装材の外側の状況	
7	包装材の内面の状況	
8	概　　評	
9	試験実施日	

（c）レポートの書き方

題　目：レトルトカレーの製造実習に関する報告

1．製造理論
2．製造工程
3．製造時の記録
　⑴　原材料名および配合割合
　⑵　実際の使用量
　⑶　具材の充填量
　⑷　カレーソースの充填量
　⑸　加熱殺菌条件
　⑹　でき高（個数）
4．品質試験
5．所　　感

3.4.2 漬物の製造

（A） 漬物の原理

野菜に食塩を加えると食塩は野菜の周囲の水に溶解し，濃厚な食塩水となり，これが野菜細胞内液との浸透圧の差により，細胞は原形質分離を起こし水分を失う．このことにより，原形質膜の半透性は失われ，種々の成分が内外に出入りし組織が柔軟となり味が付く．その他に，漬かるということは食塩の浸透圧によらなくても，湯通し（ブランチング）や強い圧力で原形質膜をこわすなど透過膜性が増すことにより同様な現象が得られる．

（B） 漬物の分類

(1) 薄塩漬け： なす，はくさい等の塩漬け，野沢菜，広島菜の塩漬け（当座漬け）．
(2) 調味料添加の薄塩漬け： こうじ漬け，べったら漬け，三五八漬け．
(3) 塩漬け・脱塩後に調味料，香辛料を加えた漬物： みそ漬け（もろみ漬け），しょうゆ漬け（福神漬け），粕漬け（奈良漬け，わさび漬け），辛子漬け，守口漬け．
(4) 乳酸発酵による酸味のある漬物： らっきょう漬け，サワークラウト，ピクルス，すぐき漬け，発酵しば漬け．
(5) 酸味のある漬物で発酵させないもの： らっきょう甘酢漬け，しょうが漬け，千枚漬け，はりはり漬け．
(6) ぬかを用いたもの： たくわん漬け．

• 酢漬け食品

調理・加工において食酢などの酸性調味料は食物に酸味を付与するのみならず，好ましくない匂いを抑制したり，食物の色，形態などの食感を良くしたりするために広く利用されている．酢漬け食品は一般に野菜（らっきょう，しょうが等），果実（梅，すもも等），魚介（いわし，こだい等）などを食塩と酢で漬けたものである．乳酸発酵によらず酸味のある漬物にはらっきょう甘酢漬け，しょうが漬け，千枚漬け，はりはり漬けなどがあげられる．

（C） らっきょう甘酢漬けの製造

らっきょう漬けはあらかじめ塩漬け（下漬け）を行う．これには 1) 発酵法，2) 塩蔵による方法，3) 即席による方法がある．

(1) 発酵法： 薄塩（8～10％塩水）で3～4週間，乳酸発酵を行う．そのまま食用に供せるが，品質は上級品ではない．さらに13～17％の塩水に貯蔵し，脱塩後食酢などに漬け込むと風味が優れる．（花らっきょう）
(2) 塩蔵による方法： 発酵の手間を省き，濃い塩水（13～17％）に下漬けしておき，使用に応じて脱塩し，食酢などに漬け込む．（味付けらっきょう漬け，甘酢漬け）(2)は(1)より簡便

な方法である．

(3) 即席による方法： らっきょうに熱湯をかけて，十分に水切り後，適量の食塩をまぶして一夜放置し，水洗いして食酢などに漬け込む．

いずれも塩漬け後脱塩し，甘酢などの調味液に漬け込む．一方，いったん酢漬け（中漬け）して貯蔵しておき，必要に応じて食酢などの調味液に漬ける場合もある．この実習では(2)の塩蔵法で塩漬けし，脱塩してから直ちに甘酢などの食酢を主にした配合調味料に漬ける．

(a) 製造理論

微生物の生育はpHによって著しく影響を受け，pH 4以下ではかなり生育が抑制されるので，微生物による腐敗を防ぐためにはpHを低下させる方法が有効である．pHを低下させて食品を保存する方法は野菜や魚介類を塩蔵したのち酢に漬ける酢漬けや乳酸菌の生産する発酵食品などがある．酢酸や乳酸などはこれらの食品の保存に用いられ，同じpHでも有機酸の方が微生物の生育抑制効果が優れている．また，塩類や糖類の添加によっても抑制効果が高まる．この原理を利用して酸貯蔵，すなわち，らっきょう甘酢漬け食品を製造する．

(b) 製造方法

(1) 使用器具

① ホーロータンク　② 天秤　③ メスシリンダー　④ ツイスト瓶

(2) 原材料の配合割合および製造工程

(i) 原材料の基本配合割合

1) 塩漬け（下漬け）用食塩の基本配合

原　材　料	配合割合（g）
らっきょう	1000
水	700
食　塩	150

2) 酢漬け（本漬け）調味液の基本配合

原　材　料	配合割合（g）
脱塩らっきょう	1000
食　酢	240
砂　糖	180
みりん	100
水あめ	50
とうがらし	2 (1/2本)

(ii) 製造工程と所要時間の概略

- 準備（材料の計量）
- 整形らっきょう
　　上下を揃える　1 kg を秤量　　　　　　10分
- 選粒・洗浄
- 漬け込み用容器
　　洗浄後，湯殺菌，水切り　　　　　　　　20分
- 食塩水の調製
　　加熱しておいた水 700 ml に食塩
　　0.15 kg を溶解　　　　　　　　　　　10分
- 塩漬け（下漬け）　　　　　　　　　　　2週間
- 脱塩（塩抜き）
　　流水中でさらす　　　　　　　　　　　3～5時間
- 水切り・計量　　　　　　　　　　　　　10分
- 漬け込み調味液の調製　　　　　　　　　40分
- 甘酢漬け（本漬け）　　　　　　　　　　2ヶ月以上
- ツイスト瓶（容器）の殺菌　　　　　　　15分
- ツイスト瓶に分注・殺菌　　　　　　　　20分

(iii) 製造工程

① 整形らっきょう：　十分成熟した下部の丸味の強いものが良い．

② 根づきらっきょうの場合：　根と先端を切り，外皮をむいて整形．廃棄率（17～25％）

③ 選別しながら水洗する．（図 3.31 参照）

④ ポリまたはホーロー容器は洗ってあらかじめ熱湯中で 100℃，10 分間殺菌しておく．

⑤ 食塩水はらっきょう 1 kg に対して，加熱済みの水約 0.7 kg に食塩 0.15 kg を溶解する．

⑥ 容器にらっきょうを入れ食塩水を注ぎ密封する．1回/1週間，上下に撹拌して 1～2 週間冷暗所に保管する．

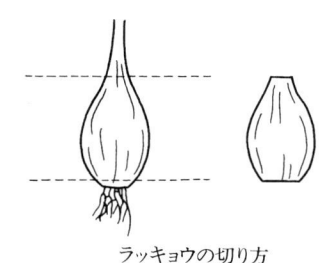

ラッキョウの切り方

図 3.31　らっきょうの切り方

⑦ 下漬けの終了したらっきょうを3〜5時間流水中にさらす．少し塩分が残る程度に塩抜きする．

⑧ らっきょうは十分に水切りする．

⑨ 配合調味液を調製する．

⑩ 容器にらっきょうを入れ配合調味液を注ぎ密封する．

⑪ 2ヶ月以上漬け込む．

　らっきょうの中心部の食塩が調味料に入れ替わり，まろやかな味になるのには2ヶ月間以上必要とする．

⑫ 加熱済みのツイスト瓶にらっきょうと新たに調製した配合調味液を分注する．

　＊　ツイスト瓶の殺菌：　容器に水と瓶を入れ，水から加熱して100℃10分間加熱殺菌する．倒立して水切りをする．

⑬ 湯浴中で70℃，10分間または80℃，達温まで殺菌．殺菌後火からおろし，同じ温度から直接瓶にかからないように水を流し込み冷却する．冷却後，瓶の水気を拭き取り製品とする．

(c) 品質試験および品質評価

(1) 品質検査項目

表3.15　らっきょう甘酢漬けの品質検査表

	検査項目	検査結果
1	総重量 (g)	
2	容器と固形物 (g)	
3	調味液重量 (g)	
4	内容総重量 (g)	
5	外観（色，粒の状態）	
6	香味	
7	調味液の色調	
8	pH	
9	屈折計表示 (Bx)	
10	欠点	
11	概要	
12	検査実施日	

(2) 品質評価（5点法）

表3.16 らっきょう甘酢漬けの官能検査項目

	項　　目	評点法（点）	描　写　法（言葉）
1	色　　沢		
2	粒の状態		
3	甘　　味		
4	酸　　味		
5	塩　　味		
6	香　　味		
7	歯ざわり（歯ごたえ）		
8	総合評価		

(d) レポートの書き方

題　目：らっきょう甘酢漬けの製造実習に関する報告

1. 製造理論
2. 製造工程
3. 製造時の記録
   (1) らっきょうの産地
   (2) らっきょうの重量
   (3) 下漬け用食塩液の基本配合
   (4) 下漬け用食塩液の使用配合
   (5) 下漬け日数
   (6) 脱塩時間（塩抜き時間）
   (7) 本漬け調味液の基本配合
   (8) 本漬け調味液の使用配合
   (9) 本漬け日数
   (10) 仕上がり重量
   (11) 調味液重量
   (12) 調味液 pH
   (13) 仕上がり個数
4. 品質試験および品質評価
5. 所　感

第4章　畜産物の加工

4.1　畜　　肉

【食肉加工品】

(A)　畜肉加工品の種類と特徴

　畜肉加工品は形状から大きく二つに分類することができる．一つはハムに代表される肉塊を塩漬け加工した単味製品（別名：単味品）であり，もう一方はソーセージに代表される原料肉を細かくカッティングし，ケーシングなどに充填した挽肉製品（別名：練り製品）である．

(B)　畜肉加工品の歴史とわが国の現状

　ハム・ソーセージ類の歴史は非常に古く，ソーセージは今から3500年前，中近東のバビロニア地方でソーセージらしきものが食べられていたという記述がある．また，中国では約5000年前からブタが飼育され，ソーセージのようなものが作られていたという記録が残っている．ハム類の起源は紀元前9世紀のホメロスの叙事詩「オデュツセイア」にも塩漬肉の記述があるほどその歴史は古い．現在のような製造方法の基礎ができ上がったのは古代ローマ時代とされている．また，各国，各地方に特色のある製品があり，ヨーロッパではソーセージだけでも3000種類以上あるといわれている．

　近年の日本におけるハム類およびソーセージ類の食肉加工品の生産量は，1995年の553,771トンをピークに微減の傾向にある．特に，プレスハムやチョップドハムの減少が著しく，1975年

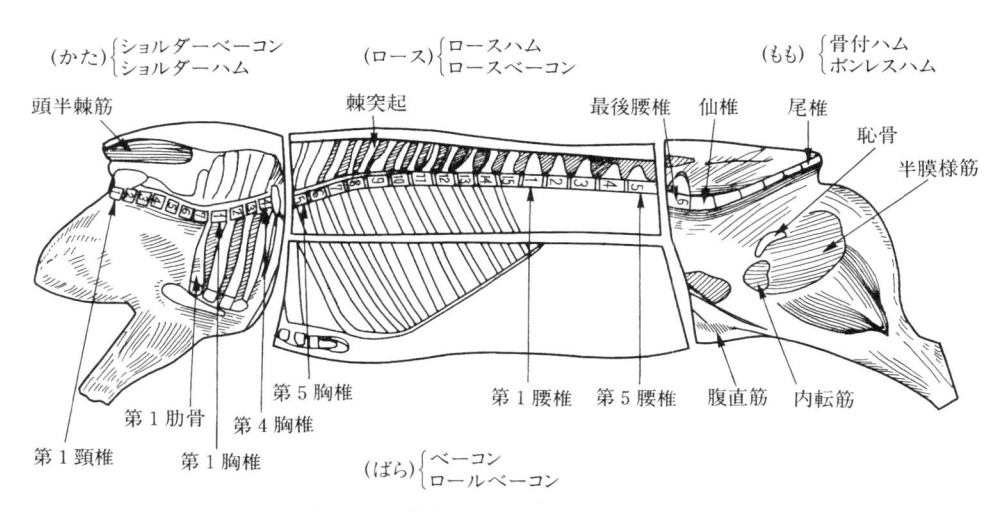

図4.1　豚枝肉各部の分割部位と加工用途

頃には 100,000 トン以上あった生産量が，現在は 30,000 トン以下にまで減少している．生産量の内訳ではソーセージ類が全体の約 56 ％を占め，次いでハム類が約 23 ％となっている．また，最近の食肉加工品の特徴としては，多くの消費者が動物性脂肪を敬遠する傾向にあるため，生産段階においてこれまでより脂肪含量を減らした製品の生産が多くなっている．図 4.1 に主な食肉製品の原料となる豚肉の部位を示した．

4.1.1 ポークソーセージの製造

（A） 製造理論

畜肉を発色剤とともに塩漬すると，塩漬中に肉の主要タンパク質である，アクトミオシンが抽出されて原料肉の粘性および結着性が増加する．また，発色剤中に含有されている硝酸塩・亜硝酸塩から塩漬中に生成される一酸化窒素（NO）が肉中の色素タンパク質であるミオグロビンと結合し，赤色のニトロソミオグロビンとなる．塩漬した肉は挽肉にしたのち，氷，脂肪，香辛料および調味料などとともにカッティングして練り合わせる．この時，塩漬中に肉中から可溶化したアクトミオシンによって，練り肉は強い結着力と保水力を持った粘性のある練り肉となる．これをケーシングに充填し，くん煙，乾燥，ボイルして製品とする．この加熱工程においてアクトミオシンはゲルネットワーク構造を形成し（図 4.2），ネットワーク内に水分，脂肪等を包み込み，弾力のあるソーセージ独自の物性を発現する（図 4.3）．また，塩漬により生成されたニトロソミオグロビンは加熱により安定した色素のニトロソヘモクロム（桃赤色）に変わり肉色は安定する（図 4.4）．

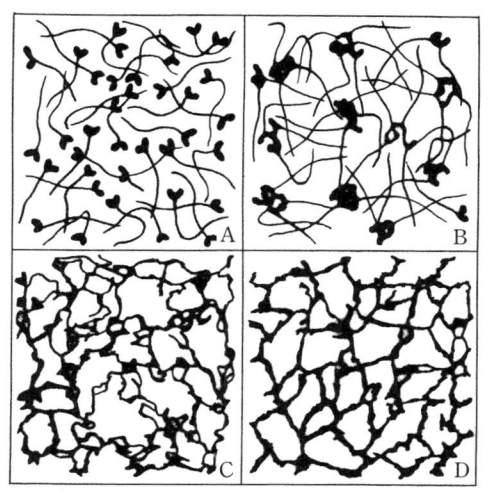

A：加熱前の多数のミオシン分子
B：43℃：分子頭部間の凝集反応
C：55℃：分子尾部間の架橋結合
D：60～70℃：網目構造の形成（ゲル化）

図 4.2 ミオシン分子の加熱によるゲル化反応を示す模式図
安井勉他：New Food Industry 27 (6), 81, 1985

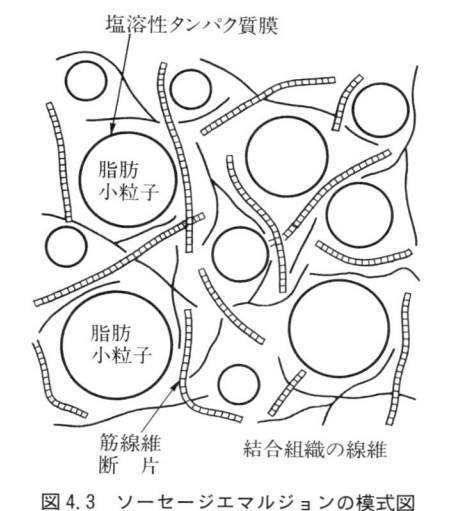

図 4.3 ソーセージエマルジョンの模式図
Ferrest, J. C et. al.: "Principles of Meat Science" 204, Freeman & Company 1975

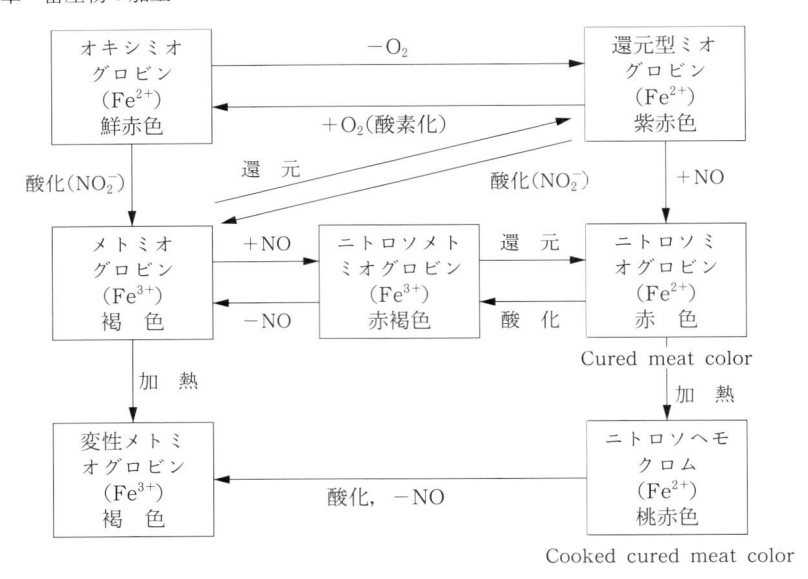

```
オキシミオ          －O₂          還元型ミオ
グロビン     ──────────→      グロビン
(Fe²⁺)      ←──────────       (Fe²⁺)
鮮赤色         ＋O₂(酸素化)        紫赤色
```

[図 省略 - ミオグロビン反応経路図]

メトミオグロビン (Fe³⁺) 褐色 — +NO → ニトロソメトミオグロビン (Fe³⁺) 赤褐色 — 還元 → ニトロソミオグロビン (Fe²⁺) 赤色 (Cured meat color)

加熱 → 変性メトミオグロビン (Fe³⁺) 褐色 ← 酸化, －NO ← ニトロソヘモクロム (Fe²⁺) 桃赤色 (Cooked cured meat color)

図 4.4 肉製品の発色におけるミオグロビンの反応経路

永田致治：「乳・肉・卵の科学－特性と機能－（中江編）」151, 弘学出版（1986）

(B) ソーセージの種類

　ソーセージは，ハムやベーコンなどの単身品の製造時にでるクズ肉や単身品に使用できない部位の肉を使用して製造する．まず，原料肉を塩漬したのち，香辛料等を加えてカッティングしてペースト状にする．次にケーシングに充填したのち，乾燥・くん煙・湯煮（あるいは蒸煮）を行い冷却して製品とする．

　ソーセージは単身製品と異なり太さや形，香辛料なども比較的自由に使用できるため，その種類は多種にわたり，代表的なソーセージの名前はその発祥地に由来することが多い．また，ソーセージ類はハムやベーコンに比べ使用する部位が限定されないため，食肉の利用範囲が広く，豚肉を中心に，牛肉，馬肉，羊肉，家禽肉，家兎肉などが使用され，また，内臓，舌，血液なども利用されている．わが国においては，ヨーロッパなどでは使用の認められていない魚肉をソーセージに混合することも認められている．魚肉を使用したものは本来のソーセージとは異なるものであるが，日本においては，魚肉の使用量が多い混合ソーセージ（魚肉使用量が15％以上50％未満）や魚肉ソーセージ（魚肉使用量50％以上）と区別するために，ソーセージへの魚肉使用を15％未満と規定している．

　JAS規格では，クックドソーセージ，セミドライソーセージ，ドライソーセージ，加圧加熱ソーセージおよび無塩漬ソーセージの5種に分類されている．表4.1にJAS規格に基づくソーセージの分類を示した．

表 4.1 ソーセージの種類

ソーセージ
- クックドソーセージ
  - ボロニアソーセージ……牛腸または人工ケーシング（φ36 mm 以上）
  - フランクフルトソーセージ……豚腸または人工ケーシング（φ20～36 mm）
  - ウインナーソーセージ……羊腸または人工ケーシング（φ20 mm 未満）
  - リオナソーセージ……グリンピース，パプリカなどを加える
  - レバーソーセージ……肝臓が加わる（50％未満）
  - レバーペースト……肝臓が加わる（50％以上）
- 加圧加熱ソーセージ……120℃，4 分間以上殺菌
- セミドライソーセージ……加熱または加熱しないで乾燥，水分 55％以下
- ドライソーセージ……加熱しないで乾燥，水分 35％以下
- 無塩漬ソーセージ……発色剤を添加していないソーセージ

混合ソーセージ
- 混合ソーセージ……畜肉，臓器が 50％以上
- 加圧加熱混合ソーセージ……上記の材料を 120℃，4 分間以上殺菌

(a) クックドソーセージ

ソーセージのうち湯煮または蒸煮によって加熱したものであり，ケーシングの種類および太さ，原材料の種類により，ボロニアソーセージ，フランクフルトソーセージ，ウインナーソーセージ，レバーソーセージおよびレバーペーストに分類される．

(1) ボロニアソーセージ

ケーシングとして牛腸または製品の太さが 36 cm 以上のものをいう．

(2) フランクフルトソーセージ

ケーシングとして豚腸または製品の太さが 20 mm 以上 36 mm 未満のものをいう．

(3) ウインナーソーセージ

ケーシングとして羊腸または製品の太さが 20 mm 未満のものをいう．

なお，ボロニアソーセージ，フランクフルトソーセージおよびウインナーソーセージは JAS 規格において特級，上級および標準の 3 種の規格がある．

特　級：品位の平均点が 4.5 以上で 3 点の項目がないこと．水分 65 ％以下で，原料魚肉類および結着剤は使用してはならない．

上　級：品位の平均点が 4.0 以上で 2 点以下の項目がないこと．水分は 65 ％以下で原料魚肉類は使用してはならないが，粗ゼラチン以外の結着剤は 5 ％以下で使用できる．ただし，デンプン，小麦粉，コーンミールの含有率（以下デンプン含有率）は 3 ％以下でなければならない．

標　準：品位の平均点が 3.5 以上で 1 点の項目がないこと．水分は 65 ％以下で原料魚肉類を 10 ％以下使用してもよい．ただし，たら類に限っては 5 ％以下である．粗ゼラチン以外の結着剤は 10 ％以下で，デンプン含有率は 5 ％以下である．粗ゼラチンも 5 ％以内でその使用が認められている．また，食用赤色 3 号，5 号などの指定された着色料の使用も認められている．

(4) リオナソーセージ

原料畜肉類のほかにグリーンピース，ピーマン，ニンジンなどの野菜，米，麦などの穀粒，ベーコン，ハムなどの肉製品，チーズなどの種ものを加えたもので，原料畜肉類は製品重量割合の50％を超えなければならない．また，原料臓器類および原料魚肉類を加えてはならない．

JAS規格は上級と標準があり，上級は豚肉および牛肉だけを使用し，その品位は平均点が4.0以上で2点以下の項目があってはならない．水分は65％以下で結着材料は粗ゼラチン以外の結着材料を5％以下（デンプン含有率は3％以下）使用することが認められている．また種ものの含有量は30％以下である．標準においては，原材料は豚肉，牛肉以外に馬肉，めん羊肉，山羊肉，家兎肉および家禽肉の使用が認められている．品位は，平均点が3.5以上で1点の項目があってはいけない．水分は65％以下で，結着剤は粗ゼラチン以外の結着剤が10％以下（デンプン含有率は3％以下）粗ゼラチンは5％以下の使用が認められている．

(5) レバーソーセージ

原料豚肉のほかに原料肝臓として豚，牛，めん羊，山羊，家禽および家兎の肝臓のみを使用したもので，その製品に占める肝臓の割合が50％未満のものである．原料魚肉類は加えてはならない．また，水分は50％以下であり，結着剤は10％（ただしデンプン含量は5％以下）と定められている．

(6) レバーペースト

レバーソーセージより肝臓の重量割合が多く，50％を超えるものである．水分は40％以下であり，その他の基準はレバーソーセージに順ずる．

(b) セミドライソーセージ

一般的には，乾燥し長期の保存に耐えるように作られたソーセージである．上級は豚肉および牛肉を使用し，標準は豚肉と牛肉のほかに馬肉，めん羊肉，山羊肉，家禽肉および家兎肉の使用が認められている．品位および結着材料については，他のソーセージの上級と標準の基準と同じである．水分量は55％以下と決められている．

(c) ドライソーセージ

上級と標準がありその基準は，水分以外はセミドライソーセージと同様である．本ソーセージは加熱しないで乾燥させるのが特徴で，水分量は35％以下と規定されている．

(d) 加圧加熱ソーセージ

ソーセージの中心部の温度を120℃で4分間加圧加熱する方法またはこれと同等以上の効力を有する方法により殺菌したソーセージで，常温流通ができる製品である．規格基準はクックドソーセージと同じ表現になっている．水分量は65％以下で，結着材料はボロニアソーセージの標準の場合と同じである．原料魚肉類も10％まで使用できる．ただし，たら類については5％以下である．

(e) 無塩漬ソーセージ

このソーセージは，発色剤である亜硝酸塩を添加せずに塩漬した食肉を原料として製造されたものである．広い意味ではクックドソーセージの範ちゅうに入る．水分は65％以下であり，その基準はボロニアソーセージの標準と同じである．

(C) 製造方法
(a) 製造装置

① ミートミンサー（挽肉機）

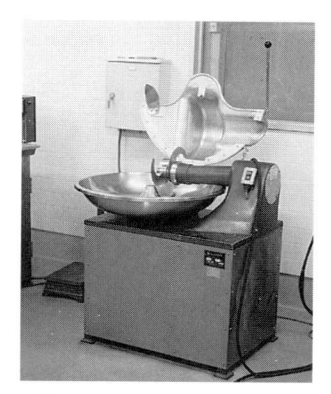

② サイレントカッター

③ スタッファー（充填機）

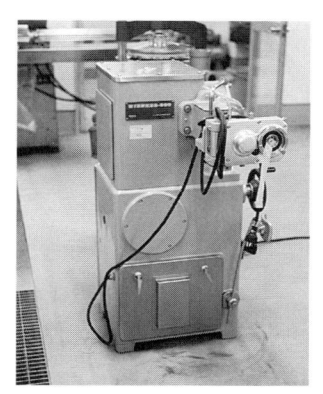

④ 結紮機（スタッファーに装着して使用）

⑤ スーモクハウス（燻煙室）

⑥ 台車

(b) 原材料の配合割合および製造工程

(1) 原材料の配合割合

原材料	配合割合(%)	重量(kg)
豚赤身肉	100	10
肩ロースまたはモモ		
脂　肪（背脂肪）	20	2
氷　水	20～25	2～2.5
食　塩（赤身へ）	2.5	0.250
（背脂肪へ）	2.5	0.050
発色剤（硝素）	0.1	0.010
香辛料		
コショウ	0.25	0.025
ナツメグ	0.10	0.010
シナモン	0.025	0.0025

(2) 製造工程と所要時間の概略

- 原料肉の解体
  - 軟骨，脂肪，筋膜の除去　　　30分
- 塩漬
  - 食塩，硝素のすり込み　3℃　　3～5日
- 肉挽
- カッティング
- ケーシング充填　　　45分
- 乾燥・くん煙　　　2時間
- 水煮
  - 70～75℃保持殺菌
  - （中心温度63℃，30分間以上）　　1時間
- 冷却
- 包装　　　1時間

(3) 製造工程

① 原料肉：ソーセージ類の種類はきわめて多く，その原料肉は豚肉を主体として各種畜肉，家禽肉，あるいは魚肉にいたるまで，多くの肉が用いられる．

② 塩漬：塩漬の目的は肉に防腐性を与え，風味・結着力などをよくして肉の加工適性を増す効果がある．食塩と発色剤をよく混ぜてから2～3cm角に切った肉に均一に混合し，3℃位で3～5日間塩漬する．背脂肪も3cm角程度に細切し，食塩だけを混合して同様に塩漬する．

③ 肉挽き：家畜の品種，年齢，性別あるいは部位によって，筋線維の太さも肉の柔らかさも異なるので種々の原料を一緒にして細切りと混和を同時に行うのは難しい．よって，原料肉と脊脂肪を肉挽き機により細かく切断しソーセージの生地の混和を容易にする．この時，肉挽き機のシリンダー内に適量の肉片を投入するよう配慮する．強く押し込むと肉温が上昇し，結着力が減少する．肉温が10℃以上に上昇しないように注意する．

④ 混和：原料肉をサイレントカッターにて細切し，結着生を生じさせ種々の副原料を添加して練り合わせる．この時肉温が12.5℃以上に上昇しないよう注意する．

＊ 氷の添加について：カッティングを行う場合，肉だけでは刃の回転が困難で細切しにくいので，氷の添加によって肉の硬さをゆるめ，刃の摩擦熱を抑えカッティング作業を順調に行わせる．また製品に適量の水を添加しないと組織が荒く，硬くなって，崩れやすく風味の乏しいソーセージになる．

* 脊脂肪の添加： 肉に十分な結着力が生じてから最後に脂肪を添加し，脂肪が均一に分散したら混和を終了する．

⑤ 練り肉をスタッファーに入れ，ケーシングに充填する．空気が混入しないように慎重に行うが，混入した場合は針を刺して空気を抜く（天然ケーシングの場合）．

⑥ 乾燥・くん煙： 充填したものが互いに接触しないように注意して燻煙室につるす．ウインナーの場合は 30 ～ 45℃ で 40 ～ 50 分間乾燥し，表面が多少乾燥したところでくん煙を開始する．くん煙は，50℃ 程度まで徐々に温度を上昇させ 40 ～ 60 分間程度行うのが基本である．通気性のない人工ケーシングに充填したものは，この工程は省略する．くん煙を行うことによって，防腐性，くん煙臭が付与され，風味の向上，製品の発色が向上する．

⑦ 水煮： 加工工程の最終段階であり，そのまま食用に供せるように，製品に適度な弾力と，硬さを与え，好ましい食味のものに変える．また，肉中の微生物を殺して，衛生的に無害にして保存性を高める．70 ～ 75℃ の湯中でソーセージの中心温度が 63℃ に達してから 30 分間経過させるか，それと同等の効果のある殺菌を行う．（低温保持殺菌）

⑧ 冷却： 冷流水で急冷し，表面を固化させ水分の蒸発を抑える．急冷することにより，歩留まりを向上させること，水煮によって死滅しなかった細菌の増殖を防ぎ，製品の保蔵性をますことなどに大きな効果がある．冷却時間は太さにもよるが，30 分間くらいが適当である．できれば中心温度が 10℃ 位になるまで行うのが望ましい．

⑨ 包装：

(D) 品質試験

製品について表 4.2 に示す検査成績表にしたがって品質試験を行う．

表 4.2 ソーセージの品質試験項目

項　目	内　　　容	重要度	評　点
外　観 形状	1．太さは径 18 mm で一様で，長さと太さの釣合がよいこと 2．ケーシングの表面は十分張りがあり，なめらかで凹凸の少ないものであること 3．内容物とケーシングとの間に肉汁や脂肪の分離の認められないこと	重 中 重	20 点 (10 点)
色調	1．色むらがなく，つやが十分あること	中	(10 点)
断面の状態 肉質	1．きめ細かく断面はなめらかで気孔の少ないものであること 2．肉質は柔らかく弾力に富み適度に湿潤であること 3．結着が良好で折り曲げ強度が適当にあること 4．組織は均一で異物が混入してないこと	重 中 重 重	30 点 (20 点)
色沢	1．光沢のある特有の鮮紅色を呈していること 2．断面の色調は均一でむらがないこと	中 重	(10 点)
香　気	1．くん煙臭が適度に付着しているものであること 2．調和のとれた芳香で特定の香辛料の匂いがないこと 3．不快臭，異臭（むれ臭，汗臭，魚臭）が感じられないものであること	中 中 重	20 点
食　味	1．塩味が適当で肉によくなじんでいること 2．歯切れがよく，適度の柔らかさと弾力を持ち，舌ざわりがよいこと 3．香辛料，調味料の調和が十分にとれていること 4．異味，異臭を感じさせないものであること	中 中 重 重	30 点

（E） レポートの書き方

題　目：ポークソーセージの製造実習に関する報告

1．製造理論

2．製造工程

3．製造時の記録

（1）原材料

　　　原料肉名　1）　　　2）　　　　調味料　1）　　　2）　　　3）　　　4）

　　　発色剤（正式名，混合比）

（2）原料配合の割合

　　　赤肉重量　　　kg　100 %　　食塩　　　g　　 %　　硝素　　　g　　 %

　　　背脂肪　　　　kg　100 %　　食塩　　　g　　 %

　　　香辛料の配合割合

　　　こしょう：　　g　　%　ナツメッグ：　　g　　%　シナモン：　　g　　%

（3）細切・練合に使用した重量

　　　赤肉重量：　　kg　100 %　　背脂肪重量：　　kg,　　%　氷：　　kg　　%

5．品質試験

（1）形状（5本分の平均±標準偏差）

　　　直径：　　±　　（mm）　長さ：　　±　　（cm）　重量：　　±　　g

（2）評価（表4.3参照）

表4.3　品質試験評価表

外観(20)		断面の状態(30)		香気(20)	食味(30)	合計
形状(10)	色調(10)	肉質(20)	色沢(10)			

6．所感

【缶詰食品の製造】

4.1.2　牛肉味付け缶詰（牛肉大和煮缶詰）の製造

（A）　大和煮缶詰の製造理論

牛肉，豚肉，マトン，かつお，まぐろ，さばなどを原料にして沸騰水でボイルし，成形した後に肉詰する．これに，しょうゆ，砂糖，みりんを主調味料とした調味液を加えて味付けし，密封，加熱殺菌する．加熱殺菌は110～115℃で60分間程度行う．高温高圧殺菌により微生物が死滅するだけでなく，加圧により調味液が内部へ浸透し，原料の筋線維も軟らかくなる．日本独特の缶詰製品として根強い人気がある．

（B）　畜肉の加熱による変化

（a）　硬化と保水性の低下

畜肉を加熱すると硬くなり，保水性が低下する．このような物理的性質の変化は肉を構成しているタンパク質の変化に起因する．タンパク質は多数のアミノ酸がペプチド結合によってつながった高分子化合物であり，側鎖間にジスルフィド結合，ペプチド結合，エステル結合などをもって折りたたまれた形の立体構造を形成している．畜肉を加熱した場合，タンパク質分子はまず側鎖間の結合が切れて立体構造が崩れる．そして，分子間にジスルフィド結合のような強固な結合を生じ，分子同士が集合して凝集する．このように，タンパク質が加熱により変性凝集するのが熱凝固であるが，コラーゲンのように熱凝固を起こさず，逆に可溶化するタンパク質もある．これはタンパク質を構成するアミノ酸の種類，配列，数およびポリペプチド鎖の高次構造が違うことによる．

（b）　ゼラチンの形成

畜肉の結合組織はコラーゲン線維とエラスチン線維からなる．コラーゲンは水分の多い畜肉中で加熱されると，62～63℃で約3分の1の長さに不可逆的に収縮する．さらに長時間加熱を続けると軟らかくなり，ついにはゼラチンとなってしまう．したがって，結合組織はコラーゲンを多く含むものほどこの変化が大きく，エラスチンを多く含むものほど小さい．両者の割合は畜肉の部位によって大きく異なるが，畜肉加工品に使われるのはコラーゲンの多い部分である．

（c）　脂肪の流出

結合組織には脂肪組織が存在する．脂肪組織は脂肪を細胞膜で包んだ多数の脂肪細胞からなる．脂肪細胞は動物の種類，栄養状態，部位によって大きさが異なるが，通常は直径 50～200 μm の球形の細胞であり，組織中では互いに圧しあって多角形になっている．脂肪組織が加熱されると細胞膜は収縮するのに対して細胞内の脂肪は融解して膨張する．その結果，細胞膜が破れて細胞内の脂肪が流出してくる．脂肪組織からの脂肪の流出の程度は，脂肪組織を包み込んでいる結合組織の厚さとその脂肪の融点に依存する．脂肪の融点は不飽和脂肪酸の多いものほど低く，不飽和脂肪酸の少ないウシやヒツジの脂肪は融点が高いのに対し，不飽和脂肪酸の多いブタやニワ

トリの脂肪は融点が低い．

(d) 風味の生成

畜肉を加熱すると，香味は3時間くらいまでは加熱時間が長くなるほど強まり，それ以上の加熱では逆に弱くなる．この変化は主として筋肉タンパク質のアミノ酸の変化と，アミノ酸やペプチドと炭水化物との結合による．また動物の種類による香味の差は脂肪と脂肪に溶けている成分の違いによる．加熱した畜肉には，アンモニア，アミン，インドール，硫化水素，低級脂肪酸，カルボニル化合物など，それぞれ単独では悪臭となるものが微量含まれ，それらが香味の一部を形成している．このうち硫化水素は80℃以上の加熱で急激に増加し，その臭気およびタンパク質中の含硫アミノ酸の分解が香味低下の原因となる．

(e) 変　色

通常，畜肉を加熱すると65℃から生肉の紅色は桃色になり，温度の上昇とともに灰色がかって75℃前後で完全に灰色になる．これは畜肉の色素タンパク質であるミオグロビンが熱変性を受けるためである．しかし，ハム，ソーセージなどの畜肉加工品では，塩漬液中に添加した硝酸塩が細菌の作用で還元されて亜硝酸塩になり，その亜硝酸塩の作用によってミオグロビンは酸化窒素と結合したニトロソミオグロビン（紅色）となる．さらにニトロソミオグロビンは加熱により安定なニトロソヘモクロム（桃色）に変わる．このように，ハム，ソーセージなどの畜肉加工品は硝酸塩を添加して肉色素を固定し，美しい色が保持される．また，加熱はタンパク質分子の立体構造を崩してSH基を露出させるため，その還元作用によりニトロソミオグロビンの生成を促進する．さらに，畜肉加工品の加熱による色の変化には，肉色素の変化のほかにアミノ酸と糖によるメイラード反応がある

(C) 原材料の配合割合および製造工程

〔例 1〕

(1) 原材料の配合割合

原 材 料	重 量（kg）
牛肉：チャックロール	30.0
調味液：	
スープ（ゆで汁）	17.5
しょうゆ	2.5
みりん	0.5
白ワイン	0.5
砂　糖	7.5
風味調味料	0.25
グルタミン酸ナトリウム	0.25
コーンスターチ	0.35

(2) 製造工程と所要時間の概略

○ 準備（材料の計量）
○ 肉の切断　　　　　　　　　　　30分
○ 下ゆで
○ 調味液の調製（ⅰ）
　　下ゆでしたスープを計量して調味料　30分
　　を添加する
○ 肉の調味・煮熟（Brix 30）
○ 成形
○ 缶への肉詰（120 g / 缶）　　　　30分
○ 調味液の調製（ⅱ）
　　コーンスターチを煮溶かす
○ 調味液の注入（100 g）　　　　　20分
○ 真空巻締（35～40 cmHg）　　　1.5時間
○ 高温高圧加熱殺菌（112℃，1時間）
○ 水冷　　　　　　　　　　　　　20分
○ ふき取り乾燥

(3) 製造工程

① 余分な脂肪や筋膜を除去し，厚さ 1 cm 程度にスライスする．沸騰した湯に肉を入れ 10 分間ボイルする．

② 肉をすくい上げ計量し，肉重量に対応するゆで汁をスープとして調味液を調製する．調味液を釜に戻して加熱し，軽く沸騰させた後に肉を入れ Bx 30 になるまで煮込む（約 30 分間）．

③ 煮上がった肉をすくい上げ，4 × 4 cm の大きさに成形する．

④ 調味液に 2 ％のコーンスターチを加えて加熱溶解する．

⑤ 肉 120 g を缶に詰め，調味液 100 g を注入し，缶ぶたをのせて真空巻締（35～40 cmHg）を行う．

⑥ レトルト釜で 112℃，1 時間加熱殺菌を行う．

⑦ 殺菌終了後，直ちに冷水中で冷却する．

⑧ 室温近くまで冷却した後，乾いたタオルで缶をふき上げる．

〔例 2〕

(1) 原材料の配合割合

原 材 料	重 量
牛　肉	1.8 kg
水煮たけのこ	90 g
糸こんにゃく	90 g
調味液：	
スープ（ゆで汁）	1.05 L
薄口しょうゆ	186 ml
アミノ酸液	150 ml
みりん	30 ml
白ワイン	30 ml
砂　糖	330 g
風味調味料	15 g
乾燥唐辛子	2 本

＜6 号缶で 9 缶分＞

(2) 製造工程と所要時間の概略

- ○準備（材料の計量）
- ○肉の切断　　　　　　　　　　　30 分
- ○下ゆで（15 分間），整形
- ○たけのこ，糸こんにゃくの調製
- ○調味液の調製　　　　　　　　　30 分
    下ゆでしたスープを計量して調味料を添加する
- ○肉，たけのこ，糸こんにゃくの調味（煮熟）　　　　　　　　　　5 分
- ○缶への肉詰（120 g/缶）　　　　10 分
    牛肉：100 g　たけのこ：10 g
    糸こんにゃく：10 g
- ○調味液の注入（70℃に加温した液を 90 g）
- ○加熱脱気（5 分間）　　　　　　30 分
- ○巻締
- ○高温高圧加熱殺菌（112℃，50 分間）　1.5 時間
- ○水冷　　　　　　　　　　　　　20 分
- ○ふき取り乾燥

(3) 製造工程

① 約 1 cm の厚さにスライスした牛肉を，牛肉と等量の沸騰水中に入れて 15 分間煮熟する．煮熟した牛肉は過分の脂肪を切り落とし，缶（6 号缶）に入る大きさ（5×5 cm）に切る．牛肉の煮汁はクッキングペーパーでろ過してアクを取り除き，調味液に使用する．

② 水煮たけのこを水洗してから縦に二分し，切り口と直角にして縦に薄くスライスする．また，糸こんにゃくを水洗して缶に入る長さ（約 5 cm）に切る．

③ 牛肉の煮汁，薄口しょうゆ，アミノ酸液，白ワイン，みりん，砂糖，風味調味料を混合，溶解して調味液を調製する．それに，水洗して輪切りした乾燥唐辛子を加える．

④ 調製した調味液から注入用を除き，その残りの調味液に整形した牛肉，たけのこ，糸こんにゃくを入れ，5 分間煮熟して味付けする．

⑤ 6 号缶の本体およびふたを傷つけないように水洗する．洗浄した缶本体および缶ぶたは広げた布きんの上に置いて水切りする．

⑥ 肉詰は，最初に牛肉 100 g を缶本体に重ねて入れ，その上にたけのこ 10 g と糸こんにゃく 10 g を載せる．

⑦ 肉詰した後は 70℃ にした注入用調味液を 1 缶に 90 g 注入する．

⑧ 肉詰して調味液を注入した缶本体を蒸し器の中に並べ，缶ぶたを少しずらして載せる．

蒸し器のふたをして加熱し，蒸し器の水が沸騰したらそのまま5分間加熱脱気する．脱気後は蒸し器のふたを開けないで蒸し器ごと巻締機へ運ぶ．

⑨ 缶内の温度が下がらないように蒸し器から手早く1缶ずつ取り出し，巻締機で密封する．

⑩ 密封した缶はオートクレーブに入れ，112℃（0.7 kg/cm^2），50分間加圧殺菌する．

⑪ 殺菌した缶は直ちに流水中に入れて5～10分間冷却する．水から取り出した缶は布きんで水をふき取り乾燥させる．

(D) 品質試験

製品について表4.4に示す検査成績表にしたがって品質試験（開缶試験）を行う．また，内容量の測定については図4.5に示す手順に従って測定する．製品によっても異なるが畜肉缶詰などはでき上がった直後よりは6ヶ月から1年ほど置いたほうが肉に調味液がなじみ，肉質も柔らかく，味覚は向上する．

表4.4 牛肉味付け缶詰の品質検査表

	検査項目	検査結果
1	品　　名	
2	品名缶マーク	
3	社　　名	
4	社名缶マーク	
5	賞味期限	
6	真空度（cmHg）	
7	総重量（g）	
8	容器と固形物（g）	
9	容器重量（g）	
10	内容固形物（g）	
11	調味液重量（g）	
12	内容総重量（g）	
13	開缶時の状態	
14	形　　態	
15	色　　沢	
16	肉　　質	
17	香　　味	
18	調味液の色調	
19	pH	
20	屈折計示度（Bx）	
21	個数および粒度	
22	夾雑物	
23	欠　　点	
24	缶の内面	
25	概　　評	
26	検査実施日	

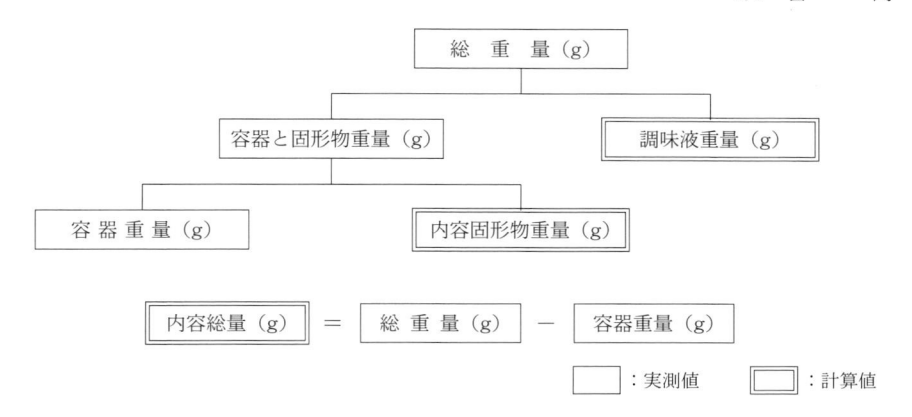

```
                        総 重 量 (g)
                    ┌───────┴────────┐
          容器と固形物重量 (g)      調味液重量 (g)
          ┌───────┴────────┐
       容器重量 (g)       内容固形物重量 (g)
```

  内容総量 (g) ＝ 総重量 (g) － 容器重量 (g)

  □：実測値　　□：計算値

図 4.5　内容量の測定方法

(E)　レポートの書き方

題　目：牛肉味付け缶詰の製造実習に関する報告

1．製造理論
2．製造工程
3．製造時の記録
  (1)　原料名
　　　　調味液原料および基本配合
  (2)　実際の使用量
　　　・肉重量　　ボイル前　　　　kg　　　ボイル後　　　　kg
　　　・調味液　1)　スープ　　　　kg　　2)　しょうゆ　　　kg　　3)　味液　　　kg
　　　　　　　　4)　みりん　　　　g　　 5)　白ワイン　　　g　　 6)　砂糖　　　kg
　　　　　　　　7)　風味調味料　　g　　 8)　グルタミン酸ソーダ　　g
　　　　　　　　9)　コーンスターチ　　g　　10)　赤とうがらし
  (3)　調味液の糖度　煮込み前 Bx　　　　　煮込み後 Bx
  (4)　肉詰量　　　　　　　g/缶
  (5)　調味液注入量　　　　g/缶
  (6)　巻締機真空度　　　　cmHg
  (7)　加熱殺菌条件　　　　気圧　　　　℃　　　　時間
  (8)　でき高
4．品質試験
5．所　感

4.2 乳製品

4.2.1 ヨーグルトの製造
(A) ヨーグルトの製造理論

原料乳（全乳，脱脂乳）を殺菌し，これに乳酸菌スターターを加え 40～45℃ で培養すると，乳酸発酵により乳酸が生成する．理論上，ブドウ糖 1 モルを消費して乳酸 2 モルを生成する乳酸菌をホモ乳酸菌といい，ヨーグルトの製造にはホモ乳酸菌が用いられる．乳酸菌の生成する乳酸が乳タンパク質のカゼインに作用するとカゼインが凝固してカード（curd）を形成する．発酵後は加熱殺菌を行わず，最終製品中には乳酸菌が多量に生存している．

ホモ型乳酸発酵（Homo fermentation）

$$C_6H_{12}O_6 \rightarrow 2\,CH_3\cdot CHOH\cdot COOH$$
　　glucose（ブドウ糖）　　　lactic acid（乳酸）

(B) 発酵乳の種類

発酵乳には乳酸菌による乳酸発酵のみを行わせた酸乳と，乳酸菌による乳酸発酵と同時に酵母によるアルコール発酵を行わせたアルコール発酵乳（乳酒）がある．酸乳にはヨーグルト，発酵バターミルク，ブルガリアンミルク，アシドフィラスミルクなどがあり，アルコール発酵乳にはケフィール，クーミスなどがある（表 4.5）．

表 4.5　主な発酵乳の種類

タイプ	種類	原産地
酸乳	ヨーグルト	ブルガリア
	発酵バターミルク	アメリカ
	ブルガリアンミルク	ブルガリア
	アシドフィラスミルク	ドイツ
アルコール発酵乳（乳酒）	ケフィア	コーカサス
	クーミス	中央アジア

わが国では「乳及び乳製品の成分規格等に関する省令」（厚生労働省）によって発酵乳の定義と成分規格が定められており，発酵乳は「乳又はこれと同等以上の無脂乳固形分を含む乳等を乳酸菌または酵母で発酵させ，糊状または液状にしたものまたはこれらを凍結したもの」と定義され，その成分規格は「無脂乳固形分 8% 以上，乳酸菌数又は酵母数（1 ml 当たり）1000 万以上，大腸菌群陰性」と定められている．現在，わが国で市販されている発酵乳のほとんどは酸乳のヨーグルトであり，アルコール発酵乳は嗜好性や保存性の問題から市販されていない．

（C） ヨーグルトの種類

ヨーグルトの製造方法には原料乳を小売り容器に入れて発酵する方法と，原料乳をタンクであらかじめ発酵し，それを小売り容器に充填する方法の二つがある．前者の方法でつくられるヨーグルトを後発酵型（静置型）ヨーグルト，後者の方法でつくられるヨーグルトを前発酵型（撹拌型）ヨーグルトといい，後発酵型ヨーグルトにはプレーンヨーグルト，ハードヨーグルトがあり，前発酵型ヨーグルトにはソフトヨーグルト，ドリンクヨーグルト，フローズンヨーグルトがある（表4.6）．

表 4.6 製造方法によるヨーグルトの分類

タイプ	種類	形状	安定剤
後発酵型（静置型）	プレーンヨーグルト	固形	無添加
	ハードヨーグルト	固形	添加
前発酵型（撹拌型）	ソフトヨーグルト	固形	添加
	ドリンクヨーグルト	液状	添加
	フローズンヨーグルト	凝結	添加

（a） プレーンヨーグルト

甘味料や香料などを一切添加せず，原料乳だけを乳酸菌で発酵させたヨーグルトである．そのまま食べられるほか，砂糖，ジャム，フルーツソースなどを混ぜて食べられ，サラダドレッシングやカレーなどの料理にも広く利用される．

（b） ハードヨーグルト

寒天やゼラチンを加えて硬くしたヨーグルトで，甘味料や香料を加えて食べやすくしてあり，わが国独特のヨーグルトである．

（c） ソフトヨーグルト

発酵した原料ミックスをかき混ぜてなめらかな状態にしてから容器に詰めたヨーグルトで，甘味料や果肉などが加えられる．1963年にスイスで開発され，ヨーロッパで普及した．

（d） ドリンクヨーグルト

発酵した原料ミックスをよくかき混ぜ液状にして飲める状態にしたヨーグルトである．甘味料や果汁を加えたものが多く，牛乳やジュースと同じように飲用される．

（e） フローズンヨーグルト

発酵した原料ミックスをかき混ぜながら凍らせたアイスクリーム状のヨーグルトである．アイスクリームに比べて低脂肪である．

(D) プレーンヨーグルトの製造方法

(a) スターターの調製

FAO/WHO によるヨーグルトの国際規格では，乳酸菌は *Lactobacillus delbrueckii* subsp. *bulgaricus*（*L. bulgaricus*）と *Streptococcus salivarius* subsp. *thermophilus*（*S. thermophilus*）が併用される．*L. bulgaricus* あるいは *S. thermophilus* の単独使用では酸生成，風味生成，組織形成が不十分であり，良質な製品は得られない．*L. bulgaricus* と *S. thermophilus* を併用した場合，両者間には共生作用があり，単独使用の場合に比べて酸生成が速くなり，アセトアルデヒドの生成量が多くなる．したがって，品質のよい製品を製造するためには *L. bulgaricus* と *S. thermophilus* を併用する必要がある．また，*L. bulgaricus* と *S. thermophilus* を併用するほかに，乳酸菌として *Lactobacillus helveticus* のマルトース非発酵型株が単用されることがある．

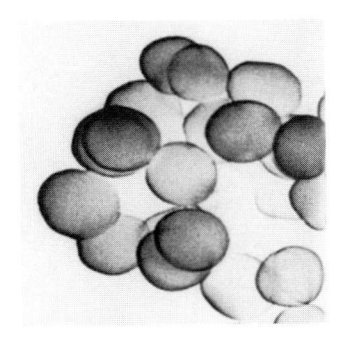

図 4.6 *S. thermophilus*

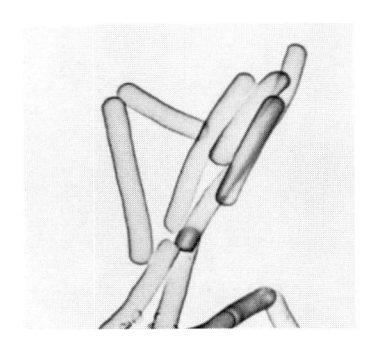

図 4.7 *L. bulgaricus*

乳酸菌スターターは，まず保存してある乳酸菌からマザースターターを調製し，さらにそれをバルクスターターに増量して用いられる．マザースターターは，120℃，10 分間加圧殺菌した脱脂乳に乳酸菌培養液を 0.5 ～ 1 ％接種し，37℃で 16 ～ 20 時間培養して調製する．バルクスターターは，90 ～ 95℃，10 ～ 30 分間殺菌した脱脂乳に，3 回以上植え継いで活性を高めたマザースターターを 1 ％接種し，37℃で所定時間培養して調製する．脱脂乳は加圧殺菌すると褐変したり加熱臭を生じたりするため，バルクスターターに使う脱脂乳は常圧で殺菌する．培養が終了したバルクスターターは速やかに冷却し，使用時まで 5℃以下で冷蔵する．

(b) ヨーグルトミックスの標準化

ヨーグルトミックスの全固形分を高めると製品の酸味がやわらぎ，風味がよくなる．また，タンパク質量を多くするとカードが硬くなり，ホエー分離が起こりにくくなる．全固形分を高める方法としては，減圧濃縮する方法と，脱脂粉乳，濃縮乳，ホエー粉などを添加する方法がある．

また，最近は膜技術を利用した限外ろ過法や逆浸透法による濃縮も行われている．限外ろ過法や逆浸透法で調製した濃縮乳を使用した製品は，濃縮時に加熱されないためにカードが硬く，クリーミーで良質な風味をもつ．

原料に脱脂乳を用いた製品は酸味を強く感じるが，脂肪を加えると酸味のやわらいだ温和な風

味になる．脂肪添加による風味改良の効果は1.5％以上の添加で認められる．

ショ糖の添加は製品の酸味をやわらげるため，ショ糖で甘味をつけたヨーグルト商品は多い．しかし，ショ糖を4％以上添加すると乳酸菌の生育が抑制されて酸の生成量が少なくなり，8％以上添加するとアセトアルデヒドの生成量も少なくなる．乳糖分解酵素（β-ガラクトシダーゼ）で乳糖をガラクトースとグルコースに分解した原料乳を用いてヨーグルトを製造すると，甘味度が高まり温和な風味の製品ができる．

(c) 均 質 化

均質化は一般に55〜70℃，150〜250 kg/cm^2 の条件で行われる．均質化することにより原料乳中の脂肪球が細かくなって脂肪の分離を防ぎ，カードの硬さを高めてホエー分離を防止する．また，脂肪球が細かくなることによって製品の色調が白くなり，クリーミーで温和な風味を形成し，成分の消化性も向上する．

(d) 殺　菌

殺菌は85〜95℃，5〜15分間の条件で行われる．殺菌処理には，ヨーグルトミックス中の微生物を死滅させることのほかに，成分を乳酸菌が利用しやすいかたちにする，ホエー分離を防ぐ，カードを硬くするなどの効果がある．

(e) 発　酵

通常，スターターは1〜3％接種し，42〜43℃で3〜4時間発酵させる．*L. bulgaricus* と *S. thermophilus* を併用する場合，両者を1:2〜2:1の比率で用いると風味のよい製品が得られる．*L. bulgaricus* の至適pHは5.5，*S. thermophilus* の至適pHは6.5であるため，原料乳（pH 6.6〜6.8）中でまず *S. thermophilus* が優勢となり，*S. thermophilus* の乳酸生成によるpHの低下にともなって *L. bulgaricus* が次第に優勢になる．*L. bulgaricus* と *S. thermophilus* の間には共生作用があり，*S. thermophilus* の生成するギ酸およびピルビン酸が *L. bulgaricus* の生育を促進し，*L. bulgaricus* が原料乳中のタンパク質を分解して生成するバリン，ヒスチジン，メチオニン，グルタミン酸，ロイシンなどのアミノ酸が *S. thermophilus* の生育を促進する．

乳酸菌は糖を分解して乳酸を生成する乳酸発酵によりエネルギーを獲得している．乳酸菌による乳酸発酵にはホモ型発酵とヘテロ型発酵の二つの形式があり，ホモ型発酵は糖を分解して乳酸を生成するもので，副産物をほとんど生成しない．一方，ヘテロ型発酵は乳酸以外の生産物としてエタノール，酢酸，グリセロール，炭酸ガスなどを生成する．ヨーグルトの製造に用いられる乳酸菌はホモ型発酵を行う乳酸菌であり，発酵した糖から95％以上の効率で乳酸を生成する．原料乳中に含まれる糖の主体は乳糖であるため，乳酸菌はまず菌体内に存在するβ-ガラクトシダーゼで乳糖をグルコースとガラクトースに分解する．そして，グルコースはそのまま，ガラクトースはガラクトワルデナーゼ（UDPグルコース4-エピメラーゼ）によってグルコースに転換されてから，解糖系（Embden-Meyerhof-Parnas経路）によってグルコースのリン酸化，さらにホスホトリオース，ホスホグリセリン酸，ホスホエノールピルビン酸，ピルビン酸を経て，最

終的に乳酸に転換される．

　発酵過程では，副産物としてアセトアルデヒド，ジアセチル，アセトイン，アセトン，2,3-ブタンジオールなどのカルボニル化合物，エチルアルコール，それに酢酸，ギ酸，カプロン酸，カプリル酸，カプリン酸，酪酸，プロピオン酸，イソ吉草酸などの揮発性脂肪酸ができる．これらの中でヨーグルト製品の主要な香気成分はアセトアルデヒドであり，香気成分としては製品中に 8 ppm 以上含まれている必要がある．アセトアルデヒドは，グルコースからできたアセチル CoA と酢酸からアルデヒドデヒドロゲナーゼによってできるほか，2-デオキシリボース-5-リン酸からデオキシアルドラーゼにより生成される経路，スレオニンからスレオニンアルドラーゼにより生成される経路などがある．そして，*L. bulgaricus*，*S. thermophilus* ともアルコールデヒドロゲナーゼをもたないためにアセトアルデヒドを蓄積する．

　発酵中のカード形成は pH 5.5 付近から始まり，pH 5.0 でゲル形成が認められ，pH 4.6 以下になると安定した組織になる．カード形成は次のような段階で進行する．1) 乳酸菌が原料乳中の乳糖を利用して乳酸発酵を行い，乳酸を生成する．2) 乳酸が生成されると原料乳中のリン酸カルシウムやクエン酸カルシウムが可溶化し始め，カゼインミセルと変性ホエータンパク質の複合体が不安定になる．3) カゼインの等電点である pH 4.6 に近づくとカゼインミセルが集合し，さらにその塊が集合してカードを形成する．4) ミセルは κ-カゼインと α-ラクトアルブミンや β-ラクトグロブリンの交互作用によって規則正しいネットワークを形成し，その中に脂肪球や水溶性成分を保持する．凝固が始まる pH 5.5〜4.6 の間に振動を与えるとなめらかな組織が形成されず，ホエー分離を起こすため，発酵過程で振動を与えることは避けなければならない．

(f) 冷　　却

　発酵が終了した製品はできるだけ振動を与えないようにして冷蔵庫に移し，速やかに 10℃ 以下に冷却する．冷却後の製品の酸度は 0.8〜0.9％ が望ましく，5℃ で少なくとも 2 週間の保存が可能である．しかし，*S. thermophilus* は pH 3.9〜4.3 まで，*L. bulgaricus* は pH 3.5〜3.8 まで酸を生成するため，発酵後の製品（pH 4.0〜4.2）は冷蔵中も乳酸の生成が徐々に進行する．*L. bulgaricus* は D（−）乳酸，*S. thermophilus* は L（＋）乳酸を生成するが，冷蔵中は *L. bulgaricus* による酸生成が強いため，冷蔵が長くなると D（−）乳酸の比率が高くなる．

(E) ハードヨーグルトの製造方法

(a) 一般的な製造方法

　生乳，脱脂乳，脱脂粉乳などの主原料を混合溶解し，それに糖類，膨潤したゼラチン，寒天溶液，香料を混合後，ホモゲナイザーで均質化して殺菌する．殺菌後，寒天などの安定剤が凝固せず乳酸菌にダメージを与えない温度の 45〜48℃ まで冷却し，それにあらかじめ調製したバルクスターターを 1〜3％ 接種し，容器に充填して発酵させる．所定の酸度に達したら発酵室から冷蔵庫に移して冷却する．発酵は約 4 時間で所定の酸度に達する．

プレーンヨーグルトは乳タンパク質の凝固によってカードが形成されるが，ハードヨーグルトはプレーンヨーグルトより無脂乳固形分が低いため安定剤の添加によってカードを強化している．安定剤としては，通常，寒天とゼラチンが用いられる．ゼラチンゲルは弾力性に富んでいるが融点が低く保形性が悪いのに対し，寒天ゲルは融点は高いが弾力性に乏しくもろいため，ハードヨーグルトの製造では保形性や食感のよいものを得るために両者を併用することが多い．ゼラチンは温湯を用いて膨潤させると表面のみが溶解して内部へ水が浸透しにくく溶解が困難であるため，冷水中で十分に膨潤させてから加温溶解する．また，寒天はいきなり熱湯中に入れると表面に被膜が形成されて非常に溶解しにくくなるため，水を加えて加熱溶解する必要がある．

(b) 使用器具

① 発酵用恒温器　② 天秤　③ フランネル製ろ過袋またはクッキングペーパー
④ 1L容耐熱性広口瓶またはホーロータンク　⑤ 三角フラスコ　⑥ ロート
⑦ 駒込ピペット（5ml 容）　⑧ メスシリンダー　⑨ 木杓子　⑩ 薬さじまたは大スプーン　⑪ レードル　⑫ ポリエチレン容器およびふた

(c) 原材料の配合割合および製造工程

(1) 原材料の配合割合

原材料	配合割合
スキムミルク	108 g
砂糖	108 g
寒天	1.8 g
シトロンエッセンス	1 ml
スターター	50 g
水	900 ml

＜90g入り容器11個分＞

(2) 製造工程と所要時間の概略

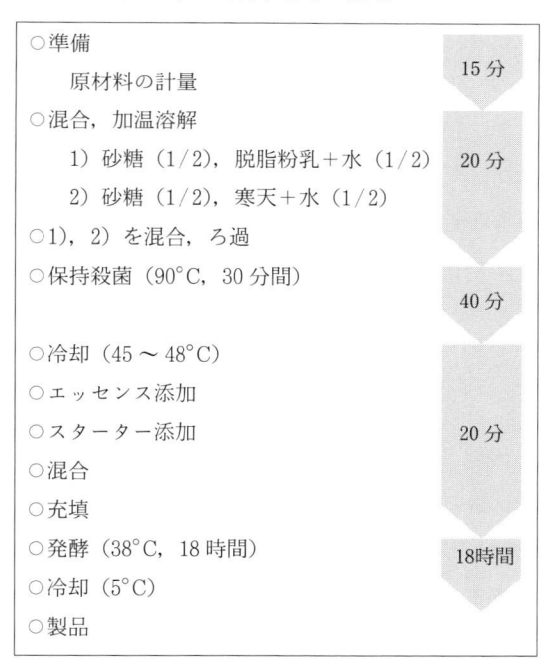

○準備
　　原材料の計量　　　　　　　　　　15分
○混合，加温溶解
　　1) 砂糖 (1/2)，脱脂粉乳＋水 (1/2)　20分
　　2) 砂糖 (1/2)，寒天＋水 (1/2)
○1), 2) を混合，ろ過
○保持殺菌 (90°C, 30分間)　　　　　40分
○冷却 (45～48°C)
○エッセンス添加
○スターター添加　　　　　　　　　20分
○混合
○充填
○発酵 (38°C, 18時間)　　　　　　　18時間
○冷却 (5°C)
○製品

(3) 製造工程

① 砂糖を二分し，一方には脱脂粉乳，もう一方には粉末寒天を混合し，両者に水を二分して加え加熱溶解する．脱脂粉乳は沸騰水浴中で加熱溶解，粉末寒天は煮沸して溶解する．ただし，脱脂粉乳は加熱しすぎると褐変するため必要以上の加熱は避ける．また，砂糖は水に溶けやすいため，脱脂粉乳ならびに粉末寒天は砂糖と混合して溶解すると溶けやすくなる．

② 両者とも溶解できたら混合し，クッキングペーパーでろ過して不溶物を取り除き，沸騰水浴中で30分間加熱殺菌する．
③ 殺菌終了後45〜48℃に冷却し，エッセンスを液量の約0.1％添加する．
④ あらかじめ用意したスターターを液量の約3％添加してよく混合し，均一にする．ただし，混合時に激しく撹拌して泡立てないように注意する．
⑤ プラスチック容器の本体およびふたを傷つけないように水洗し，容器本体は一度沸騰させた湯の中に浸漬して加熱殺菌する．殺菌した容器本体と水洗したふたは広げた布きんの上に置いて水切りする．
⑥ 均一にしたヨーグルトミックスを殺菌した容器本体に90gずつ分注し，ふたで密封する．
⑦ 38℃の恒温器に入れ，18時間発酵させる．
⑧ 発酵終了後，直ちに5℃に冷蔵して発酵を止める．

(F) ヨーグルト製品の品質

　ヨーグルト製品の風味，硬度，粘度，ホエー分離などの品質は，原料乳の成分，スターターに用いる乳酸菌の種類，均質化，殺菌などの製造条件によって影響を受ける．したがって，品質のよい製品を安定して製造するためには，これらの要因を十分にコントロールする必要がある．しかし，ヨーグルトは乳酸菌の働きで原料乳の嗜好性，栄養的価値ならびに保存性を高めた食品であり，製品の品質は主に乳酸菌によって左右される．

　ヨーグルトで生じる異常としては，スターターの活性低下やファージ汚染などによる発酵不足，有害細菌による異常風味の発生，カビや酵母による変敗などがある．ヨーグルトはpHが低いためカビや酵母による変敗防止が重要であり，とくに砂糖を加えたヨーグルトでは酵母により変敗することが多い．ヨーグルト製品のシェルフライフは通常2週間（フローズンタイプを除く）である．

(G) ヨーグルトの品質試験および品質評価

　試験の実施に際しては，製品のタイプによってそれぞれの特徴を考慮する必要がある．

(a) 外　観

　適度な硬度と粘度を有し，表面および内部組織はなめらかで，ホエー分離の少ないものがよい．カードメーターなどによる硬度の測定では試料の温度を一定にする必要がある．色調は，プレーンヨーグルトでは乳白色，プレーンヨーグルト以外のものでは添加された香味料や着色料などに由来する色調でなければならない．

(b) 風　味

　ヨーグルトの風味異常としては，過度の酸味，苦味，粘着性などがある．

(c) その他

発酵の終了は酸度で決める．酸度を測定する場合，ハードヨーグルトは試料を乳鉢などであらかじめ砕いておく必要がある．また，試料が着色していて指示薬（フェノールフタレン）による終点の判定が困難な場合は，pHメーターを用いてフェノールフタレンの変色点であるpH 8.3を終点として滴定する．

表4.7 ヨーグルトの品質評価試験表

項目	自製品		市販品（ハードタイプ）	
	風味側描法	点	風味側描法	点
1. 色　沢				
2. 甘　味				
3. 酸　味				
4. 香　り（異臭を含む）				
5. 旨　味（まろやかさ）（こく味）				
6. 口当たり（なめらかさ）（硬さ，柔らかさ）				
7. 総合評価				

表4.8 ヨーグルトの品質試験表

	自製品	市販品（ハードタイプ）
1. 品　名		
2. 製造所名		
3. 賞味期限		
4. 総重量（g）		
5. 内容重量（g）		
6. 容器重量（g）		
7. 表面のカードの状態		
○ホエーの有無		
○特記事項の有無		
8. pH		
9. 糖　度（Bx）		
10. 総酸量		
11. 0.1 N-NaOH 滴定値		

（H） レポートの書き方

題　目：ヨーグルト製造実習に関する報告

1. 製造理論
2. 製造工程
3. 製造時の記録
   (1) 脱脂粉乳および牛乳の量
   (2) 砂糖の重量
   (3) 寒天の重量
   (4) 加水量
   (5) 発酵液のpH
   (6) 発酵液の糖度（Bx）
   (7) 発酵液の総重量
   (8) 仕込み殺菌温度および時間（湯煎）
   　　　　　　°C　　　　分
   (9) エッセンス添加量
   (10) 使用乳酸菌名
   (11) スターター添加量
   (12) 発酵開始までに要した時間
   (13) 容器当たり内容重量
   (14) 発酵温度および時間
   (15) でき高個数
4. 総酸量の定量
   (1) 定量法（算出式）
   (2) 総酸量（乳酸　%）
5. 品質評価
6. 所　感

4.2.2 乳酸菌飲料の製造

(A) 製造理論

乳酸飲料は日本独特の飲料で，脱脂乳を殺菌してから乳酸発酵させ，形成したヨーグルトを均質機などで液状化し，それに甘味・防腐とカゼイン粒子の沈降防止のために多量のショ糖を加え再び加熱殺菌後，瓶詰したものである．殺菌乳酸菌飲料の代表的なものとしてカルピスがある．乳酸飲料は，乳または乳製品を乳酸菌または酵母で発酵させ，のり状または液状にしたものを主原料として，水・果汁・シロップなどを加えた飲料をいう．ただし，殺菌したものでは無脂固形分3％以上のもののみ乳酸菌飲料とよび，3％未満のものは清涼飲料水に分類される．

乳酸発酵に使用する乳酸菌は表4.9に示した4種に限定され，それ以外の乳酸菌を使用する際は，あらかじめ厚生労働大臣の許可を得なければならない．

表4.9 乳酸菌飲料用乳酸菌

乳酸菌	分類	培養温度	適温	乳酸生成量（牛乳中）
Lact. bulgaricus	桿菌 { 高酸型 低酸型	30～50℃ 30～50℃	40℃ 40℃	2.5～4.0 % 1.5～2.0 %
Lact. acidophilus	桿菌	20～45℃	40℃	1.5～2.0 %
Str. lactis	連鎖球菌	10～40℃	30℃	0.6～1.0 %
Str. thermophilus	連鎖球菌	30～50℃	40℃	0.6～0.8 %

(B) 製造方法

(a) 製造装置

① プレート式熱交換殺菌機　　② プロペラ付き発酵槽　　③ ホモゲナイザー（均質機）

④ 調合槽 　　　　　　⑤ 充填機 　　　　　　⑥ 打栓機

⑦ 殺菌槽 　　　　　　⑧ 瓶洗浄機

（b） 原材料の配合割合および製造工程

（1） 原材料の配合割合（飲料時5倍希釈）

原材料	配合割合(%)	重量(kg)
脱脂乳	100	180
砂糖	100	180
エッセンス	0.1 （飲用時）	1.35 L
*スターター	2	3.6
**乳酸		

* 使用乳酸菌：*Lactobacillus bulgaricus*
** 乳酸は酸度が不足している場合に添加

（2） 製造工程と所要時間の概略

○脱脂乳の計量
○殺菌・冷却
　（プレート式熱交換殺菌機）　　　　　2時間
○スターター添加
○発酵（発酵槽）　38℃　　　　　　　　48時間
○粗砕
　　酸度が不足している場合に乳酸添加
○均質化（ホモゲナイザー）
　　130〜150 kg/cm²　　　　　　　　　1時間
○加温・溶解（調合槽）60℃
　　砂糖添加
　　エッセンス添加
○予熱　60℃
○充填（充填機）　633 ml/本　　　　　30分
○打栓（打栓機）
○殺菌　85℃達温殺菌　　　　　　　　30分
○放冷
○製品

（3） 製造工程

① 脱脂乳をプレート式熱交換機で125℃，2〜3秒間殺菌して直ちに40℃まで冷却しパイプラインで発酵槽へ移す．*Lactobacillus bulgaricus* を種菌としたスターターを無菌的に添加し，38℃ 48時間発酵する．

② 発酵後形成されたヨーグルトを粗砕し，酸度が不足している場合は乳酸を添加した後，ホモゲナイザーで130〜150 kg/cm² の圧力をかけて液状化する．

③ 液状化したヨーグルトを調合槽に移し，砂糖を加温しながらよく混合・溶解し，液温が60°Cになったらエッセンスを加え調合を終了する．

④ 十分に加温溶解した原液を充填機に送液し，瓶詰・打栓する．

⑤ 充填し終えた瓶を殺菌槽に入れ水温が85℃になるまで達温殺菌をする．

⑥ 殺菌終了後，自然放冷したのち，ラベルを貼りつけて製品とする．

（C） 乳酸菌飲料の品質試験

試験の実施は，ヨーグルトの品質試験方法に準ずる．

(D) レポートの書き方

題　目：乳酸菌飲料の製造実習に関する報告

1. 製造理論
2. 製造工程
3. 製造時の記録
   (1) 脱脂乳の重量
   (2) 熱交換式殺菌機の温度および時間
   (3) スターター名（使用乳酸菌名）
   (4) ホモゲナイザー圧力
   (5) 砂糖の重量
   (6) エッセンスの添加量
   (7) 調整槽温度
   (8) でき高本数
4. 製品のpH
5. 総酸量（乳酸％）
6. 品質評価
7. 所　感

4.2.3 アイスクリームの製造

(A) 製造理論

アイスクリームの主な原料は牛乳と乳製品であり，乳固形分や乳脂肪分などの成分規格に準じ，大きく3種類に分けられる（表4.10）．乳固形分は，クリームやバターなどの乳脂肪分と，脱脂粉乳や脱脂練乳などの無脂乳固形分に分けられ，牛乳，加糖練乳，全粉乳などは乳脂肪分および無脂乳固形分の両方を含んでいる．

アイスクリーム類の定義は，食品衛生法に基づく「乳及び乳製品の成分規格等に関する省令」によって定められ，『乳・乳製品を主要原料として凍結させたもので乳固形分（乳の水分以外の成分）を3.0％以上含むものの総称』とされているが，これら主原料の他に，卵や砂糖，香料，チョコレート，ナッツ類，果汁，果肉，抹茶など嗜好性に合わせ配合する．また，乳化剤を添加することで，乳脂肪を均一に分散させ，安定剤を添加することにより，保形性を向上させ，オーバラン*（空気の混入率）をコントロールする．アイスクリームの特徴は，ソフトな食感とサッと溶ける口溶けで，これはアイスクリームに混入している空気によるもので，アイスクリームミックスが冷却されながら，撹拌されることによって粘性が増し，空気が取り込まれる．その結果，氷や脂肪球，気泡などが細かく均一に分散するため，サッと溶けるアイスクリーム特有の組織が生成する．

表4.10 アイスクリーム類の分類

	乳製品・アイスクリーム類			一般食品
	アイスクリーム	アイスミルク	ラクトアイス	氷菓
乳固形分	15.0％以上	10.0％以上	3.0％以上	左記以外
乳脂肪分	8.0％以上	3.0％以上	規定なし	左記以外
大腸菌	陰性	陰性	陰性	陰性
細菌数*	100,000以下	50,000以下	50,000以下	10,000以下

*乳酸菌，酵母は除く．アイスクリーム類は1g中，氷菓は1ml中．

---

*オーバラン（％）：アイスクリーム中に混入した空気により，アイスクリームミックスの容量に対して増加した容量のこと．オーバランが低いとねっとりした重みのある味になり，高いとフワッと軽い味になる．

$$\text{オーバラン（％）} = \frac{\text{原料ミックス1Lの重量} - \text{アイスクリーム1Lの重量}}{\text{アイスクリーム1Lの重量}} \times 100$$

138　第4章　畜産物の加工

(B)　製造方法
(a)　使用器具
　　① ボール　② はかり　③ ホイッパー　④ ゴムへら　⑤ アイスクリームフリーザー

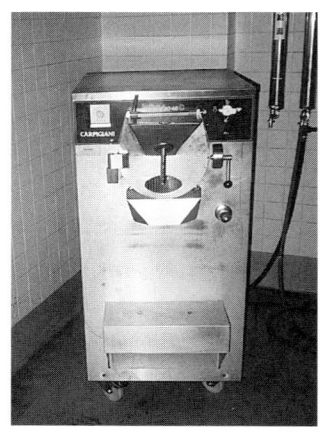

図4.8　アイスクリームフリーザー

(b)　原材料の配合割合および製造工程
(1)　原材料の配合割合

原材料	重量（g）
牛乳	8600
無塩バター	795
加糖練乳	2645
上白糖	465
乳化剤	26.5
安定剤	26.5
バニラフレーバー	25 ml
カロテン	2.7 ml

(2)　製造工程と所要時間の概略

- 準備（材料の計量）　　　　　　　　　　15分
　　牛乳・無塩バター・加糖練乳
- 乳化剤および安定剤を上白糖に分散
- 加熱（80℃）　　　　　　　　　　　　20分
　　湯せんで加温し原材料を溶解
- 冷却（50℃）　　　　　　　　　　　　10分
- 均質化　　　　　　　　　　　　　　　5分
　　ホモゲナイザーにて均質化
- 加熱殺菌（80℃達温）　　　　　　　　20分
- 冷却（5℃以下）
- エージング（0～5℃）　　　　　　　　70分
　　0～5℃にて1時間エージング
- バニラフレーバー・カロチン添加
- フリージング（−2～−8℃）　　　　　10分
- カップ充填
- 硬化（−18℃以下）　　　　　　　　　2～3時間
- 製品

(3) 製造工程

① 牛乳，無塩バター，加糖練乳を計量し混合する．
② 上白糖，乳化剤，安定剤を計量し，乳化剤と安定剤を上白糖に分散さる．
③ 湯せんにて80℃に加温し原材料を溶解させる．
④ 50℃に冷却後，ホモゲナイザーで均質化する．
⑤ 加熱殺菌（80℃達温）する．
⑥ 冷却（5℃以下）し，0〜5℃にて1時間，エージングを行う．
⑦ バニラフレーバーおよびカロテンを添加する．
⑧ アイスクリームフリーザーにてフリージング（−2〜−8℃）する．
⑨ カップに充填した後，−18℃以下で急速冷凍して硬化させ製品とする．

(C) 品質評価

でき上がった製品について甘味，香り，口溶け，舌触り，濃厚感，後味，色，総合について評価する．なお，比較試験を行う場合には，各サンプルごとに口ゆすぎ用の水を飲用すること．

* 香りは，口に入れたときに鼻に抜ける香りを評価する．

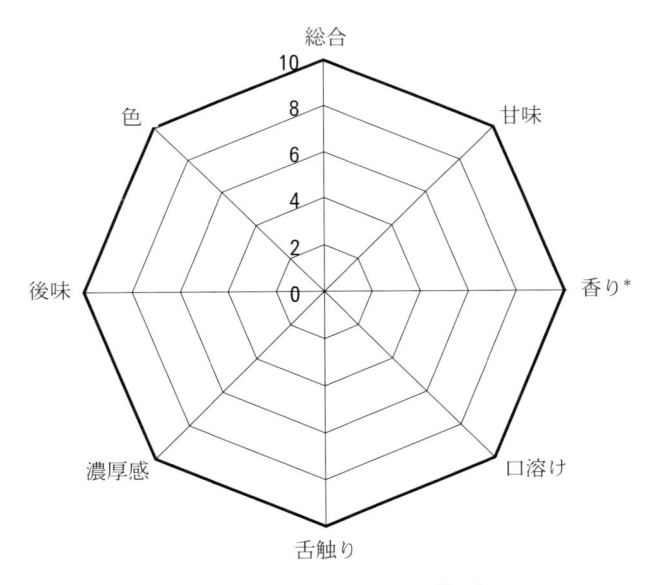

図4.9 アイスクリームの品質評価

（D） レポートの書き方

題　目：アイスクリームの製造実習に関する報告

1．製造理論
2．製造工程
3．製造時の記録
　⑴　使用原料名
　⑵　配合割合
　　　　①　牛乳重量（g）
　　　　②　無塩バター重量（g）
　　　　③　加糖練乳重量（g）
　　　　④　砂　糖（g）
　　　　⑤　乳化剤（g）
　　　　⑥　安定剤（g）
　　　　⑦　バニラフレーバー（ml）
　　　　⑧　カロテン（ml）
4．品質評価
5．所　感

4.3 卵　　類

4.3.1　マヨネーズの製造
（A）　製造理論

マヨネーズは，食用植物性油脂，卵黄または全卵，醸造酢または柑橘類の果汁を必須成分とし，その他に任意成分として食塩，糖類，香辛料あるいは香辛料抽出物，調味料，クエン酸などを添加して半固体状に乳化させたドレッシングの一種である．日本農林規格（JAS）では，油分65％以上，水分35%と定められており，デンプンなどの増粘剤やガム質などの乳化安定剤，また着色料の添加は許可されていない（糖類の代りにはち蜜を使用することも許可されていない）．

乳化とは，水と油のように互いに混ざり合わない成分同士を均一に混合することで，マヨネーズの場合は，醸造酢と食用植物性油脂がこれに当たる．これらの2成分を混合させるためには親水性と親油性の両性質をもち合わせる成分が必要で，これを乳化剤といい卵中の卵黄がこの役割を果たしている．卵黄中にはレシチンやケファリンなどのリン脂質およびタンパク質が存在し，マヨネーズにおいては，これらを乳化剤として図4.10に示すように水中油滴（W／O）型の乳化形態（エマルジョン）をとっている．

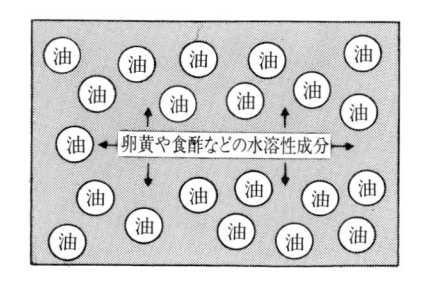

図4.10　マヨネーズの乳化状態の模式図
（今井忠平：「マヨネーズ・ドレッシングの知識」p.82，幸書房）

食酢の添加は，マヨネーズに酸味と風味をもたらす一方で，卵黄タンパク質をごく緩慢に変性させマヨネーズの粘度の向上に関与している．また，食酢の中の酢酸は微生物に対する殺菌あるいは静菌作用のあることが知られていることから，保存性を高める役割も果たしている．

なお，一般に料理書では，その起源からマヨネーズはソースの範ちゅうで冷製ソースの一つとして分類されているが，JASでは油と酢を使用した調味料をドレッシングとしたことから，マヨネーズもドレッシングに分類されている．

- マヨネーズの名前の由来

　マヨネーズという名前の由来は諸説あるが，もっとも有名なのはフランスの宰相リシュリュー公爵が1756年にスペインのミノルカ島でのイギリス戦のおりにマオン港で休息のために立ち寄った宿でだされた肉料理のソースが非常に美味でマオンのソース（Salsa de mahon）と名付けたものが後にマヨネーズ（mayonnise）となったという説である．その他，フランスのバヨンヌという土地で作られ，バヨネーズといわれていたものが後にマヨネーズとなった，あるいはマオンというフランス人が創作したなどの説がある．

142　第4章　畜産物の加工

(B) 製造方法

(a) 使用器具

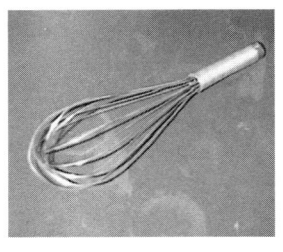

① 撹拌器（泡立器） 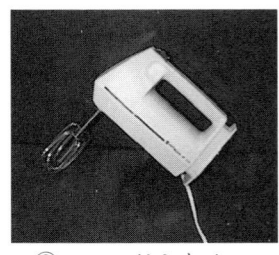　　② ハンドミキサー 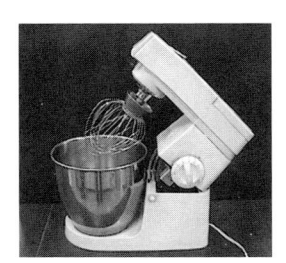　　③ ケーキミキサー

④ ボール 　　⑤ 天秤 　　⑥ 計量カップ

(b) 原材料の配合割合および製造工程

(1) 原材料の配合割合

原材料	卵黄タイプ (g)	卵黄タイプ (％)	全卵タイプ (g)	全卵タイプ (％)
サラダ油	390	78.0	340	68.0
卵　黄	42.5	8.5	—	—
全　卵	—	—	90	18.0
食　酢	50	10.0	47.5	9.5
砂　糖	7.5	1.5	10	2.0
食　塩	5.0	1.0	6.5	1.3
からし	4.0	0.8	4.8	0.96
白コショウ	1.0	0.2	1.2	0.24

(2) 製造工程と所要時間の概略

○準備（材料の計量など）　10分
○撹拌・混合開始
　粉体材料の混合
　卵黄（全卵）
　食酢（1/2）　3分
　サラダ油（徐々に）　3分
　食酢（残量1/2）　2分
○撹拌・混合（熟成）　2分
○充填
○製品

(3) 製造工程

① 粉体原料（砂糖，食塩，からし，白コショウ）を計量し，ビニール袋に入れて十分に振り混ぜる．

② ボールに粉体原料と卵黄または全卵を入れて泡立て器あるいはハンドミキサーで撹拌・混合する．

③ 食酢を全量の1/2添加してよく混合する．
④ 撹拌・混合しながらサラダ油を添加する．
⑤ 食酢の残り1/2を撹拌・混合しながら添加し，さらに2分間高速で撹拌して乳化させる．
⑥ マヨネーズ瓶に移して製品とする．

＜製造時の注意点＞
① 使用する卵は食品衛生上の問題と製品粘度への影響から，できるだけ新鮮なものを使用する．
② 製造時の温度は10～16℃が適当（低すぎると固くなり撹拌しづらく，高すぎると粘度が緩くなる）．
③ サラダ油の添加は，最初は1～2滴ずつ加えて十分に乳化させ，徐々に添加量を増加する．
（5分間位を目安に全量を加える）
　＊　最初のサラダ油の添加量が多いと分離する．また，撹拌が弱い場合にも分離する．

(C) 品質試験

でき上がった製品について次のような項目で品質試験を行う．

a．外観（50点）	点　数
① 鮮明な色沢を有する．（20点）	
② 油の分離が見られず乳化が良好である．（20点）	
③ 適度の粘度（30,000 cp以上）を有する．（10点）	
b．食味（50点）	点　数
① さわやかな酸味と快い旨味を有する．（20点）	
② 口当たりが滑らかである．（20点）	
③ 異味・異臭がない．（10点）	

(D) レポートの書き方

題　目：マヨネーズの製造実習に関する報告

1. 製造理論
2. 製造工程
3. 製造時の記録
    1) 原料および配合割合（％）
    2) 仕込重量（g）
    3) 使用器具
    4) 各段階の混合時間（分）
    5) 製品のpH
    6) 製品の粘度（cp）
4. 品質試験
5. 所　感

第5章 水産加工品

5.1 水産練り製品

5.1.1 かまぼこの製造
(A) 製造理論

かまぼこは，日本の代表的な伝統水産食品で弾力の強い特徴的な食感をもっている．魚の肉を食塩やその他の副原料と一緒にすりつぶして加熱して作るので，練り製品，潰しものなどともよばれる．広い意味のかまぼこは，練り製品（農林水産省），魚肉練り製品（厚労省）とよばれている．全国各地で特有な形，味，食感をもった独自の製品が発達した．有名な板付けかまぼこには，小田原蒸しかまぼこ，山口の白焼き抜きかまぼこ，宇和島の焼き抜きかまぼこなどがある．板がついていないかまぼこには，富山の昆布巻きかまぼこ，紀州田辺の南蛮焼きがある．焼きちくわで有名なのは，豊橋ちくわ，出雲野焼き，仙台の笹かまぼこ（ちくわの仲間）である．揚げかまぼこの中で特色のあるのは，大阪の白てん，宇和島のじゃこてん，鹿児島のつけ揚げなどである．かまぼこの分類を表5.1に示す．

かまぼこは，寒天，こんにゃく，ゼリーなどと同じように弾力のある食品ゲルである．これらの食品は，繊維状の構成成分が立体的な網目状の構造を作るので弾力のあるゲルになる．また，網目の間に水をとじこめるので，水分含量が70〜80％と高くても水が分離してこない．かまぼこの食感は"足"とよばれ，かまぼこの品質を決めるもっとも重要な要素である．しかし，かまぼこの強度が高いことは，必ずしも足がよいことではない．強くて硬いだけのかまぼこは，口に入れていくら噛んでもバラバラにほどけるだけでのどを通っていかない．少々軟らかくてもしなやかで適当に弾力があるかまぼこは，のど越しがよく食べやすい．弾力，しなやかさ，硬さがバランスよくそろったのど越しのよいかまぼこが足のよいかまぼこである．

魚の筋肉タンパク質（表5.2）は，20〜35％の筋形質タンパク質，60〜75％の筋原繊維タンパク質，2〜5％の筋基質タンパク質からできている．そのうち，かまぼこの網目構造を形成するのは主成分の筋原繊維タンパク質である．筋原繊維タンパク質の主構成成分はミオシン（60％）とアクチン（20％）である．これら2種のタンパク質がそれぞれの性質に応じてかまぼこを作るのに重要な役割を果たしている．

練り製品の足は寒天，ゼラチンなど弾力性に富んだゼリーと同様に，繊維状高分子が三次元の網目構造をつくることにより形成されるもので，筋原繊維タンパク質が練り製品の網目構造の構成要素である．魚肉に約2〜3％の食塩を加えてすりつぶすと塩可溶性の筋原繊維タンパク質が溶出し，ペースト状になり，繊維状のタンパク質は互いに絡み合い，加熱により変性して反応

表 5.1 かまぼこの分類

蒸しかまぼこ類	板付蒸しかまぼこ 蒸し焼きかまぼこ	蒸し板かまぼこ 焼き板かまぼこ 角焼き
	蒸しかまぼこ	昆布巻きかまぼこ す巻きかまぼこ
焼き抜きかまぼこ類	板付焼きかまぼこ 焼き抜きかまぼこ	焼き抜き板かまぼこ 南蛮焼き 笹かまぼこ
	卵黄焼きかまぼこ	伊達巻き 梅焼き 厚焼き
ゆでかまぼこ類	浮きはんぺん ゆでかまぼこ	つみれ 黒はんぺん なると巻き
特殊包装かまぼこ類	ケーシング詰かまぼこ リテーナー成形かまぼこ	
風味かまぼこ類	カニ風味かまぼこ ホタテ風味かまぼこ エビ風味かまぼこ	
揚げかまぼこ類	揚げかまぼこ	
焼きちくわ	生ちくわ 冷凍ちくわ	
魚肉ソーセージ	魚肉ハム 魚肉ソーセージ 特殊魚肉ソーセージ	ハンバーグ風 シュウマイ風

表 5.2 魚肉タンパク質の組成

	溶解性	形状	組成比率（％）
筋形質タンパク質	水溶性	球状	20～40
筋原繊維タンパク質	塩可溶性	繊維状	60～75
基質タンパク質	不溶性	繊維状	2～5

性を増し，タンパク質分子間に架橋ができて網状構造が形成されると考えられる．水は網状構造の中に封じこめられるので分離してくることはなく，保水力の強い弾力のある練り製品ができる．

- 食塩の働き

　かまぼこを作るときに食塩を添加する目的は，調味料としてだけでなく，かまぼこの足を作るのに不可欠な重要な材料である．食塩はかまぼこの足をつくるときに，二つの重要な働きをする．第1の働きは筋原繊維タンパク質を溶かし出すことであり，第2の働きは網目構造を作りやすいようにタンパク質の変性を起こすことである．

【かまぼこの足の形成】

かまぼこができる時には，魚肉は次のように違った状態をとっていく．

　　　　魚肉　　　⇒　　　肉のり　　　⇒　　　坐りゲル　　　⇒　　　かまぼこゲル
　　　（食塩擂潰）　　　　　　　　　　　　　　（低温）　　　　　　　　（高温加熱）

【冷凍すり身】

1950年代，北海道周辺の海で大量に獲れるスケソウダラを有効利用するために冷凍すり身が開発された．冷凍すり身は，水さらしした魚肉細片（落とし身）に添加物（凍結変性防止剤）を混合して凍結したもので水産練り製品の中間素材である．

　凍結変性防止剤　：　1) ショ糖（5〜8％），2) ソルビトール（5〜8％），重合リン酸塩（0.1〜0.3％）

　冷凍すり身の種類：　1) 無塩すり身，2) 加塩すり身，3) 洋上（工船）すり身，4) 陸上すり身などがある．

【坐　り】

食塩と共に擂った魚肉を放置すると加熱しなくても粘ちゅう性および可塑性が著しく低下し，一見加熱したような弾性が生ずる現象をいう．坐りが起こるとかまぼこの成形ができなくなるので，かまぼこ製造上は嫌われるが，成形後，座らせた肉を加熱すると弾力のある製品ができるので足の補強に応用する．

【戻　り】

すり身を高い室温で長時間放置するか，不十分な加熱処理を行うことにより，いったん形成されたタンパク質の網目構造が破壊され，ゲル崩壊によって弾力を失う現象をいう．すり身を加熱してもゲル状に凝固しないでくずれやすい豆腐状になることをいう．

【ネ　ト】

蒸しかまぼこの表面にはネトが生じやすい，ねばねばしているのでネトとよばれる．悪臭はないが，食べると酸味を感じる．ネトはかまぼこの水分が蒸発し，これがその表面に凝結し，そこへ空気中の細菌が付着し，繁殖して，形成した細菌集落で，菌体からデキストリンが分泌されてネトになる．ネト発生の初期にあっては，まだかまぼこの内部は侵されていないから，熱湯でその表面を払拭し，清布で拭けば大丈夫である．

(B)　製造方法

(a)　使用器具

①　すり身削り機　　②　擂潰機　　③　板付け包丁　　④　かまぼこ用板　　⑤　蒸し器
⑥　ラップ　　⑦　輪ゴム

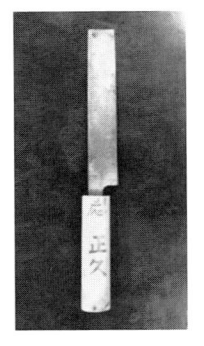

図5.1　すり身削り機　　　　図5.2　擂潰機　　　図5.3　板付け包丁

(b) 原材料の配合割合および製造工程

(1) 原材料の配合割合

原材料	配合割合（％）	重量（g）
冷凍すり身	100	15 kg
食塩	2.2	330
グルタミン酸ソーダ	0.2	30
みりん	1.0	150
上白糖	0.9	135
卵	0.5 個	7.5 個

(2) 製造工程と所要時間の概略

○準備（冷凍すり身削り）　60分
○空ずり擂潰　10分
○塩ずり擂潰　20分
○副原料擂潰　10分
○板付け　30分
○低温坐り　10分
○ラップ巻き　10分
○加熱　25分
○冷却　10分
○製品

(3) 製造工程

① 前準備：　冷凍すり身（10 kg袋）をすり身削り機で2擂潰分30 kg（1擂潰15 kg）を薄い切片に削って5 kgづつビニール袋に入れておく．すり身削りは当日のほうがよい．

② 空ずり擂潰：　擂潰機に最初5 kg入れて擂潰し，外にこぼれ落ちないように注意しつつ徐々に15 kgを入れて筋原繊維を機械的に破砕し，むらやかたまりをなくす．

③ 塩ずり擂潰：　原料に食塩を2回に分けて加え，先ず5分間擂潰する．次に残りの食塩を加え，約20分間擂潰する．この操作で魚肉中の塩可溶性タンパク質が溶出し，ペースト状の粘ちゅうなすり身ができる．

④ 副原料擂潰：　副原料として砂糖，みりん，グルタミン酸ソーダを入れて10分間擂潰する．

⑤ 板付け：　すり身を板付け包丁にとり，かまぼこ板にすりつけるようにして盛りつける．表面および両端の形は，水でぬらした包丁で整える．

⑥ 低温坐り：　板付けしたかまぼこはそのまま室温で10分間放置して坐り現象を起こさせる．

⑦ ラップ巻き：　坐り終了後はラップで巻き，両端を折り返して輪ゴムで止め，水が入らない

ように包装する．

⑧ 加熱： ラップで包装したかまぼこは 90°C 25 分間加熱する．加熱温度はかまぼこの大きさによって異なるが，中心温度が 75°C に達すればよい．

⑨ 冷却： 加熱後冷水中に投入して十分に冷却する．

⑩ 製品

（C） 品質評価

でき上がったかまぼこは試食して品質評価を行う．品質評価は評点法の 5 点法により行う．解析としては一元配置法，二元配置法などがある．

表 5.3 かまぼこの品質評価表

評 価 項 目	
① 足の状態	
② 色　　沢	
③ 旨　　味	
④ 匂　　い	
⑤ 形　　態	
⑥ 総合評価	

5　点　法
5……………良い
4……………やや良い
3……………普通
2……………やや悪い
1……………悪い

（D） レポートの書き方

題　目：かまぼこの製造実習に関する報告

1．製造理論

2．製造工程

3．製造時の記録

　(1) 1 擂潰機分使用すり身重量（kg）

　(2) 調味料配合割合（すり身 1 kg に対して）

　　① 食塩（g）

　　② グルタミンソーダ（g）

　　③ みりん（g）

　　④ 砂糖（g）

　　⑤ 卵（個）

　(3) 1 班すり身分配重量（g）

　(4) でき上がり重量（g）

　(5) 各工程の所要時間

4．品質評価

5．所　　感

5.1.2 さつま揚げの製造

(A) 製造理論

揚げかまぼこの一種で，魚肉のすり身を塩ずり後，酒，砂糖，グルタミンソーダなどを加えてすりつぶし，ニンジン，ゴボウなどを薄切りしたものを練り込み，形を整えて油で揚げた練り製品である．関東ではさつま揚げ，関西では天ぷら，鹿児島ではつけ揚げとよんでいる．加熱速度が速く，揚げ色もつくので，弾力の弱い魚や，赤身の魚も利用できる．総菜を練り込んだ製品が多く，野菜揚げ，ゴボウ巻き，イカ巻き，エビ巻きなどその種類は多い．

弾力性のゲル生成の理論はかまぼこと同様に，魚肉を食塩と共にすりつぶすことにより，塩溶性タンパク質を溶出させてペースト状なすり身をつくり，これを成形，加熱して弾力性のゲルをつくる．

(B) 製造方法

(a) 使用器具

① すり身削り機　② 擂潰機　③ 中華鍋　④ バット　⑤ 油切り
⑥ 温度計　⑦ さい箸　⑧ ペーパータオル

(b) 原材料の配合割合および製造工程

(1) 原材料の配合割合

原材料	配合割合（％）	重量（g）
冷凍すり身	100	10 kg
食塩	1.5	150
砂糖	0.8	80
しょうゆ	0.5	50
日本酒	1.0	100
グルタミンソーダー	0.5	50
みりん	1.0	100
グルコース（色つけ用）	0.5	50
にんじん	6.0	600
ねぎ	10.0	1000
やまいも	7.5	750
豆腐	半丁	5丁
卵	1個	10個

(2) 製造工程と所要時間の概略

○準備
　　冷凍すり身削り　　　　　60分
○空ずり擂潰　　　　　　　　 5分
○塩ずり擂潰　　　　　　　　10分
○副材料添加擂潰　　　　　　15分
○調味料添加擂潰　　　　　　 5分
○野菜添加擂潰　　　　　　　 5分
○成形　　　　　　　　　　　20分
○二度揚げ
　　一度目（100～120℃）　　20分
　　二度目（180℃）　　　　 10分
○放冷　　　　　　　　　　　10分
○包装
○製品

(3) 製造工程

① 前準備：　冷凍すり身10 kg（一袋）をすり身削り機で2擂潰機分20 kgを薄い切片に削っ

て 5 kg ずつビニール袋に入れて冷蔵庫で保存する（前日の夕方に削り翌日に使用すると，解凍されていて利用しやすい）．

② 空ずり擂潰： 擂潰機に最初 5 kg 入れて擂潰し，残りを入れて機械的に破砕し，むらやかたまりをなくし，5 分間擂潰する．

③ 塩ずり擂潰： 原料に食塩を 2 回に分けて加え，先ず 5 分間擂潰する．次に残りの食塩を加え，約 10 分間擂潰する．この操作で魚肉中の塩可溶性タンパク質が溶出し，ペースト状の粘ちゅうなすり身ができる．

④ 副材料添加擂潰： 豆腐，やまいも，卵を入れて 15 分間擂潰する．豆腐はさっとゆがき軽くしぼっておく．やまいもはすりおろし，卵はよく溶きほぐしておく．

⑤ 調味料添加擂潰： 調味料を徐々に加え，均一になるまで 5 分間擂潰する．

⑥ 野菜添加擂潰： にんじん，ねぎを入れて 5 分間擂潰する．にんじんは 2 cm 位の長さに薄く千切りにしておく．ねぎは白いところだけを使用し，みじん切りにしておく．

⑦ 成形： 分配されたすり身を任意の形に成形する．最後は水でぬらした手で形を整える．

⑧ 二度揚げ： 一度目は低めの温度（100〜120℃ 位）の油でゆっくりと揚げると，ふくらんで上に上がってくる．色がつかないようにする．二度目は高温（180℃ 位）で適当な着色（きつね色）が付くように揚げる．

⑨ 放冷： 少し冷やす．

⑩ 製品： でき上がり重量を測定する．

⑪ 包装： ポリ袋に入れシールする．

（C） 官能評価

でき上がったさつま揚げは試食して品質評価を行う．品質評価は評点法の 5 点法により行う．解析としては一元配置法，二元配置法などがある．

表 5.4 さつま揚げの官能評価表

評 価 項 目	5 点 法
①足の状態 ②色　　調 ③味　　覚 ④材料の混ざり具合 ⑤食　　感 ⑥総合評価	5 ……………良い 4 ……………やや良い 3 ……………普通 2 ……………やや悪い 1 ……………悪い

(D) レポートの書き方

題　目：さつま揚げの製造実習

1．製造理論
2．製造工程
3．製造時の記録
　(1)　1 擂潰機分使用すり身重量（kg）
　(2)　副材料配合割合
　(3)　調味料配合割合
　(4)　1 班すり身分配重量（kg）
　(5)　でき上がり重量（kg）
　(6)　揚げ油の温度　一度目（℃）
　　　　　　　　　　二度目（℃）
　(7)　各工程の所要時間
4．品質評価
5．所　　感

5.2 調味加工品

5.2.1 あさりの佃煮の製造

(A) 製造理論

佃煮は，日本特有の伝統的な食品として全国的に親しまれて，各地でそれぞれの特色のあるものが生産されている．佃煮発祥の地は今の東京佃島であるという．佃煮は，魚類，貝類，海藻類などの水産物，農産物，畜産物またはそれらの加工品を原料として，しょうゆ，砂糖，水あめ，みりん，化学調味料などを用いて煮込み，原料中の水分とこれらの調味料とを交換して保存性を高めた煮熟調味食品である．しぐれ煮，甘露煮，あめ煮，角煮などがある．佃煮の貯蔵効果としては，浸透圧，脱水作用などの物理的な原理を利用し，いわば漬物と同様の理論を応用したものである．塩分の濃淡あるいは調味液の濃淡によって，その製品の味や保存性が左右される．

佃煮の保存原理は 1) 水分含有量，2) 塩分含有量，3) 糖分含有量，4) 煮熟温度の 4 要素が保存性の重要なポイントになっている．

佃煮製造において重要な点は，1) 新鮮な原料は外観，内容ともに優れ，歩留まりがよい．2) 煮熟の良否が製品の品質を左右する．3) みりん，水あめは製品のつやに独特の趣を与える．4) しょうゆの品質は製品の風味に強く影響するので注意が必要である．

あさりは，はまぐり科の最も一般的な二枚貝で，全国各地の塩分の少ない浅海の砂地や砂泥地にすむ．周年利用されるが，2～4月が旬でもっとも美味である．殻付きは殻を堅く閉じたものがよい．むき身は悪臭や粘りのないものを選ぶ．貝類特有の旨味成分であるコハク酸が多く，美味である．冷凍のあさりむき身を使用し，調味料を加え，煮熟し，水分と調味料とを交換して保存性を高めた調味加工食品である．

(B) 製造方法

(a) 使用器具

① 寸胴　② 鍋　③ ざる　④ ボール　⑤ 包丁　⑥ まな板
⑦ レードル　⑧ ツイストオフキャップ瓶

図 5.4　ツイストオフキャップ瓶

(b) 原料の配合割合および製造工程

(1) 原材料の配合割合

原 材 料	重 量 (g)
冷凍あさりのむき身	2000
しょうゆ	200
日本酒	150
上砂糖	250
みりん	50 ml
本だし	12.5
しょうが（古根）	200

(2) 製造工程と所要時間の概略

- 前準備
  - 冷凍むき身の解凍（冷蔵庫内） ... 1日
- 準備
  - 水洗
  - 水切り・重量測定
  - しょうがの千切り ... 35分
- 空炒り
  - 調味料・しょうが添加 ... 5～10分
- 煮熟 ... 20分
- 瓶詰 ... 10分
- 殺菌 ... 10分
- 冷却 ... 10分
- 製品

(3) 製造工程

① 前準備： 冷凍のむき身を前日より冷蔵庫にて自然解凍をしておく．

② 水洗： むき身をざるに入れ，軽く水洗いをする．

③ 水切り・重量測定： ボールにざるをのせ水切りをする．この時の重量を測定し，使用むき身重量とする．

④ しょうがの千切り： しょうがの皮をむきできるだけ薄い千切りにする．

⑤ 空炒り： 寸胴あるいは大きめの鍋にむき身を入れ，強火で炒る．むき身から液汁が出てくるまでそのままにしておく．液汁が出てきたらむき身が崩れないように木じゃくしで下にこびり付かないようにそっとかき混ぜる．むき身の量により5～10分間液汁をむき身から出す．アクを取る．

⑥ 調味料・しょうが添加： 調味料と千切りしょうがを加える．みりんは半量残しておく．

⑦ 煮熟： はじめは強火でアクを取りながら煮熟し，途中から中火にして液汁が少なくなったら残りのみりんを加え，液汁が少し残る程度まで煮る．

⑧ 瓶詰め： ツイストオフキャップ瓶はよく洗浄し，沸騰水中で10分間殺菌後水切りしておく．瓶に詰めふたをきつく閉める．

⑨ 湯殺菌： 蒸し器で90℃10分間湯殺菌する．（瓶はぬるま湯から入れる）

⑩ 冷却： 湯をすてないでその中に水を入れて瓶にかからないように徐々に冷却する．

(C) 官能評価

でき上がったあさりの佃煮は試食して官能評価を行う．官能評価は評点法の5点法により行う．

解析としては一元配置法，二元配置法などがある．

表 5.5 あさりの佃煮の官能評価表

評　価　項　目		5　点　法
① 形　　態		5 ……………… 良い
② 色　　沢		4 ……………… やや良い
③ 旨　　味		3 ……………… 普通
④ 塩 辛 味		2 ……………… やや悪い
⑤ 匂　　い		1 ……………… 悪い
⑥ 食　　感		
⑦ 総合評価		

（D）　レポートの書き方

題　目：あさりの佃煮の製造実習に関する報告

1．製造理論
2．製造工程
3．製造時の記録
　(1)　あさりむき身重量（kg）
　(2)　水洗・水切り後の重量（kg）
　(3)　しょうが使用量（g）
　(4)　しょうゆ（g）
　(5)　日本酒（g）
　(6)　みりん（ml）
　(7)　砂糖（g）
　(8)　本だし（g）
　(9)　煮熟時間（分）
　(10)　殺菌法・温度・時間
　(11)　でき上がり重量（g）
　(12)　でき上がり本数
4．品質評価
5．所　　感

5.3 海　　藻

5.3.1　ところてん（心太）の製造

（A）　製造理論

（a）　ところてん

ところてんは，テングサ類から熱湯で寒天質を抽出し，冷却してゲル化させたものである．原料として用いられる海藻はテングサ（まくさ）の他に，「おおぶさ」，「おばぐさ」，「ひらぐさ」，「えごのり」，「いぎす」などがあり，外洋に面した地方で5～10月に採取して乾燥したものを原藻とする．

寒天質を1～2％含むゲルを天突きで細長く突き出したものに，酢，しょうゆ，あるいは糖蜜などをかけて食べるものを「ところてん」（心太）といっている．現在市販されている製品はテングサからつくられるものと，寒天を煮溶かしてつくられるものがある．前者はその他の低分子多糖類，アミノ酸，無機成分なども抽出されるので寒天のみと異なり磯くさい香りがある．その香りと食感が清涼食品として古くから親しまれている．後者は色が白く臭みが少ない．

（b）　寒　　天

寒天とは紅藻類の細胞壁構成成分であるD-ガラクトースを主成分とする粘質性複合多糖類混合物であるが，主成分はアガロース（約70％が中性多糖でゲル化力が強い）とアガロペクチン（約30％が酸性多糖類でゲル化力が弱い）から成っており，これを乾燥したものである．

　＊テングサ：　まくさ（真草）のことで，日本全土から南海まで分布しており寒天の原料として採取されている．

- ところてんの由来

　テングサの俗称が心太「こころぶと」であったことから⇒こころたい⇒ところてんとよよばれるようになった．

（B）　寒天質の特性

1) 熱に対して「ゾル→ゲル」の可逆的転換を行う．

　27～30℃で凝固し，75～85℃で融解する．

2) 低濃度（1～1.2％）でゼリー化し，保水性，吸水性が大きい．

3) 栄養素が少ないために腐敗しにくい．また消化もよくないが低エネルー食として腸のせんどう運動を助けて整腸作用がある．

（C） 製造方法
（a） 使用器具

① アルミ鍋（または縦長の蒸し器）　② ざる　③ ろ過用布きん　④ バット
⑤ ところてん突き　⑥ ピペット

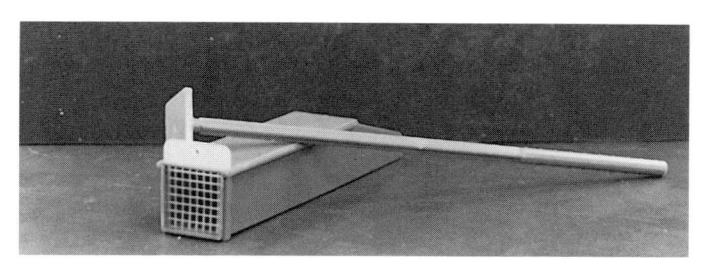

図5.5　ところてん突き

（b） 原材料の配合割合および製造工程

（1） 原材料の配合割合

原材料	重量（g）
テングサ	35
水	900
酢酸（98％以上）	0.2 ml

＊酢酸：藻を柔らかくして寒天質の溶出を容易にする．また，ろ過をしやすくするために加える．ただし，多過ぎたり抽出時間が長すぎると凝固が弱くなる．

（2） 製造工程と所要時間の概略

- 準備（材料の計量）
    水，酢酸の計量，原藻の計量と洗浄
- 容器に最初の液面を目盛る
    全材料を入れその液面の高さに印をつける　　30分
- 蒸熟開始
- ざるで原藻を分ける　　60分
- 布巾ろ過
- バットに流し込む
- 冷却・凝固　　20分
- ところてん突きで突き出す

（3） 製造工程

① 仕込みは，原藻1に対して水30gの割合で仕込む．
② 縦長のアルミ鍋に水，酢酸・洗浄したテングサを入れ，90℃で約1時間，ふたをして寒天質を蒸熟抽出する（温度計を使用）．なお，最初の量の液面を目盛っておく（2箇所ぐらいに印をつける）．この間，撹拌し過ぎると凝固が弱くなるので，テングサを沈める程度とする．
③ 沸騰が終わったら目盛のところまで湯を入れ，蒸発分を補う．
④ ざるを使ってこし，搾り粕と上澄みに分け，上澄みをさらに二重にした布きんでこす．
⑤ この汁をバットに入れ，冷却して凝固させる．
⑥ ところてん突きの大きさに合わせてゲルを裁断し，ところてん突きの筒に重ねるようにして入れ，突き出す．

(D) 品質評価

でき上がった製品について，色沢，味，香り，口当たり（滑らかさ）および総合評価を風味描写法にて行う．

表 5.6

評価項目	調味料使用せず	調味料添加
1．色　　沢		
2．香		
3．味		
4．口当たり（なめらかさ）		
5．総合評価		

(E) レポートの書き方

題　目：ところてんの製造実習に関する報告

1．製造理論
2．製造工程
3．製造時の記録
　(1) 原料名
　(2) 原料および基本配合

　　　　1) 基本配合　　原藻：　　水：　　酢酸：

　(3) 実際の使用量　　原藻：　　水：　　酢酸：
　(4) 煮熟後の加水量　　　　（ml）
　(5) 煮熟時間　　　　　　　（時間）
4．品質評価
5．所　感

付　表

付表 1　糖度計の 20℃を標準とした読みに対する温度補正表[*]

温　度	測　定　糖　度　(%)							
℃	1	5	10	15	20	25	30	35
	減　ず　る							
10	0.50	0.54	0.58	0.61	0.64	0.66	0.68	0.70
11	0.46	0.49	0.53	0.55	0.58	0.60	0.62	0.64
12	0.42	0.45	0.48	0.50	0.52	0.54	0.56	0.57
13	0.37	0.40	0.42	0.44	0.46	0.48	0.49	0.50
14	0.33	0.35	0.37	0.39	0.40	0.41	0.42	0.43
15	0.27	0.29	0.31	0.33	0.34	0.34	0.35	0.36
16	0.22	0.24	0.25	0.26	0.27	0.28	0.28	0.29
17	0.17	0.18	0.19	0.20	0.21	0.21	0.21	0.22
18	0.12	0.13	0.13	0.14	0.14	0.14	0.14	0.15
19	0.06	0.06	0.06	0.07	0.07	0.07	0.07	0.08
	加　え　る							
21	0.06	0.07	0.07	0.07	0.07	0.08	0.08	0.08
22	0.13	0.13	0.14	0.14	0.15	0.15	0.15	0.15
23	0.19	0.20	0.21	0.22	0.22	0.23	0.23	0.23
24	0.26	0.27	0.28	0.29	0.30	0.30	0.31	0.31
25	0.33	0.35	0.36	0.37	0.38	0.38	0.39	0.40
26	0.40	0.42	0.43	0.44	0.45	0.46	0.47	0.48
27	0.48	0.50	0.52	0.53	0.54	0.55	0.55	0.56
28	0.56	0.57	0.60	0.61	0.62	0.63	0.63	0.64
29	0.64	0.66	0.68	0.69	0.71	0.72	0.72	0.73
30	0.72	0.74	0.77	0.78	0.79	0.80	0.80	0.81

温　度	測　定　糖　度　(%)						
℃	40	45	50	55	60	65	70
	減　ず　る						
10	0.72	0.73	0.74	0.75	0.76	0.78	0.79
11	0.65	0.66	0.67	0.68	0.69	0.70	0.71
12	0.58	0.59	0.60	0.61	0.61	0.63	0.63
13	0.51	0.52	0.53	0.54	0.54	0.55	0.55
14	0.44	0.45	0.45	0.46	0.46	0.47	0.48
15	0.37	0.37	0.38	0.39	0.39	0.40	0.40
16	0.30	0.30	0.30	0.31	0.31	0.32	0.32
17	0.22	0.23	0.23	0.23	0.23	0.24	0.24
18	0.15	0.15	0.15	0.16	0.16	0.16	0.16
19	0.08	0.08	0.08	0.08	0.08	0.08	0.08
	加　え　る						
21	0.08	0.08	0.08	0.08	0.08	0.08	0.08
22	0.15	0.16	0.16	0.16	0.16	0.16	0.16
23	0.23	0.24	0.24	0.24	0.24	0.24	0.24
24	0.31	0.31	0.31	0.32	0.32	0.32	0.32
25	0.40	0.40	0.40	0.40	0.40	0.40	0.40
26	0.48	0.48	0.48	0.48	0.48	0.48	0.48
27	0.56	0.56	0.56	0.56	0.56	0.56	0.56
28	0.64	0.64	0.64	0.64	0.64	0.64	0.64
29	0.73	0.73	0.73	0.73	0.73	0.73	0.73
30	0.81	0.81	0.81	0.81	0.81	0.81	0.81

[*] A Laboratory Manual for The Cannig Industry, 2nd. Ed. による

付表2 ショ糖溶液

水 100 ml にショ糖を溶解したときの容量		*左欄と同濃度の溶液 100 ml を得るのに必要な量		得られたショ糖溶液の数値		
溶解するショ糖量	溶液の容量	水の容量	ショ糖量	ブリックス,ショ糖(％)	ボーメ	比重 20°/4°
g	ml	ml	g			
10	106.17	94.24	9.42	9.11	5.07	1.03446
20	112.36	89.00	17.80	16.70	9.28	1.06645
30	118.57	84.34	25.30	23.11	12.80	1.09491
40	124.80	80.13	32.05	28.61	15.80	1.12037
50	131.05	76.32	38.15	33.37	18.41	1.14327
60	137.31	72.83	43.70	37.54	20.62	1.16396
70	143.59	69.64	48.75	41.22	22.61	1.18273
80	149.87	66.72	53.38	44.49	24.37	1.19983
90	156.17	64.03	57.63	47.41	25.91	1.21546
100	162.48	61.55	61.55	50.04	27.28	1.22981
110	168.80	59.24	65.17	52.43	28.54	1.24301
120	175.13	57.10	68.12	54.59	29.69	1.25520
130	181.47	55.11	71.64	56.58	30.73	1.26649
140	187.81	53.25	74.56	58.37	31.66	1.27696
150	194.16	51.51	77.26	60.04	32.49	1.28671
160	200.51	49.87	79.85	61.58	33.31	1.29579

注：アメリカ N.B.S. の報告による。ただし *欄の数字は筆者が計算によって求めたもの．

付表3 食塩水溶液

(食塩含有量高比重およびボーメ示度との関係)

15°Cにおけるボーメ示度	比重	NaCl(％)	塩水 100 ml 中の食塩(g)	15°Cにおけるボーメ示度	比重	NaCl(％)	塩水 100 ml 中の食塩(g)
0	1.0000	0	0	12	1.0907	11.28	13.40
1	1.0069	0.95	0.96	13	1.0990	13.36	14.68
2	1.0140	1.93	1.96	14	1.1074	14.47	16.02
3	1.0212	2.93	2.99	15	1.1160	15.59	17.40
4	1.0285	3.93	4.04	16	1.1256	16.67	18.77
5	1.0358	4.94	5.13	17	1.1335	17.78	20.15
6	1.0434	5.96	6.23	18	1.1425	18.92	21.62
7	1.0509	6.98	7.34	19	1.1516	20.07	23.11
8	1.0587	8.02	8.49	20	1.1608	21.18	24.59
9	1.0665	9.08	9.68	21	1.1702	22.32	26.12
10	1.0745	10.15	10.91	22	1.1793	23.49	27.70
11	1.0825	11.20	12.31				

付表4　ゲーリュサック（Gay Lussac）氏アルコール計表 (1)

摂氏検温器度数	アルコール計の指示度数（容量%）														
	1	2	3	4	5	6	7	8	9	10	11	12	13	14	15
	摂氏検温器15度におけるアルコール（容量%）														
0	1.5	2.6	3.6	4.6	5.6	6.7	7.8	8.8	9.9	11.0	12.2	13.4	14.7	16.1	17.5
1												13.4	14.7	16.0	17.3
2												13.4	14.7	16.0	17.2
3												13.3	14.6	15.9	17.1
4												13.3	14.5	15.8	16.9
5	1.4	2.5	3.5	4.5	5.5	6.6	7.7	8.7	9.8	10.9	12.1	13.2	14.4	15.7	16.8
6												13.1	14.3	15.6	16.7
7												13.0	14.2	15.4	16.6
8												13.0	14.1	15.3	16.4
9												12.9	14.0	15.1	16.2
10	1.4	2.4	3.4	4.5	5.5	6.5	7.5	8.5	9.5	10.6	11.7	12.7	13.8	14.9	16.0
11	1.3	2.4	3.4	4.4	5.4	6.4	7.4	8.4	9.4	10.5	11.6	12.6	13.6	14.7	15.8
12	1.2	2.3	3.3	4.3	5.3	6.3	7.3	8.3	9.3	10.4	11.5	12.5	13.5	14.6	15.6
13	1.2	2.2	3.2	4.2	5.2	6.2	7.2	8.2	9.2	10.3	11.4	12.4	13.4	14.4	15.4
14	1.1	2.1	3.1	4.1	5.1	6.1	7.1	8.1	9.1	10.2	11.2	12.2	13.2	14.2	15.2
15	1.0	2.0	3.0	4.0	5.0	6.0	7.0	8.0	9.0	10.0	11.0	12.0	13.0	14.0	15.0
16	0.9	1.9	2.9	3.9	4.9	5.9	6.9	7.9	8.9	9.9	10.9	11.9	12.9	13.9	14.9
17	0.8	1.8	2.8	3.8	4.8	5.8	6.8	7.8	8.8	9.8	10.8	11.7	12.7	13.7	14.7
18	0.7	1.7	2.7	2.7	4.7	5.7	6.7	7.7	8.7	9.7	10.7	11.6	12.5	13.5	14.5
19	0.6	1.6	2.6	2.6	4.6	5.5	6.5	7.5	8.5	9.5	10.5	11.4	12.4	13.3	14.3
20	0.5	1.5	2.4	2.4	4.4	5.4	6.4	7.3	8.3	9.3	10.3	11.2	12.2	13.1	14.0
21	0.4	1.4	2.3	2.3	4.3	5.2	6.2	7.1	8.1	9.1	10.1	11.0	11.9	12.8	13.7
22	0.3	1.3	2.2	2.2	4.1	5.1	6.1	7.0	7.9	8.9	9.9	10.8	11.7	12.6	13.5
23	0.1	1.1	2.1	2.1	4.0	4.9	5.9	6.8	7.8	8.7	9.7	10.6	11.5	12.4	13.3
24		1.0	1.9	2.9	3.8	4.8	5.8	6.7	7.6	8.5	9.5	10.4	11.3	12.2	13.1
25		0.8	1.7	2.7	3.6	4.6	5.5	6.5	7.4	8.3	9.3	10.2	11.1	12.0	12.8
26		0.7	1.6	2.6	3.5	4.4	5.4	6.3	7.2	8.1	9.0	9.9	10.8	11.7	12.6
27		0.5	1.5	2.4	3.3	4.3	5.2	6.1	7.0	7.9	8.8	9.7	10.6	11.5	12.3
28		0.3	1.3	2.2	3.1	4.1	5.0	5.9	6.8	7.7	8.6	9.5	10.3	11.2	12.0
29		0.1	1.1	2.0	2.9	3.9	4.8	5.7	6.6	7.5	8.4	9.2	10.1	11.0	11.8
30		0.0	0.9	1.9	2.8	3.7	4.6	5.5	6.4	7.3	8.1	9.0	9.8	10.7	11.5

付表4 ゲーリュサック (Gay Lussac) 氏アルコール計表 (2)

摂氏検温器度数	アルコール計の指示度数 (容量%)														
	16	17	18	19	20	21	22	23	24	25	26	27	28	29	30
	摂氏検温器15度におけるアルコール (容量%)														
0	18.9	20.3	21.6	22.9	24.2	25.6	27.0	28.4	29.7	30.9	32.1	33.2	34.2	35.3	36.3
1	18.7	20.0	21.3	22.6	23.9	25.3	26.7	28.0	29.2	30.4	31.6	32.7	33.8	34.8	35.8
2	18.5	19.8	21.1	22.3	23.6	24.9	26.3	27.5	28.8	30.0	31.2	32.3	33.3	34.4	35.4
3	18.3	19.6	20.8	22.0	23.3	24.6	25.9	27.1	28.4	29.6	30.8	31.9	32.9	33.9	34.9
4	18.1	19.4	20.6	21.8	23.0	24.3	25.6	26.8	28.0	29.2	30.4	31.4	32.5	33.5	34.5
5	18.0	19.2	20.4	21.5	22.7	24.0	25.2	26.4	27.6	28.8	30.0	31.0	32.1	33.1	34.1
6	17.8	19.0	20.3	21.3	22.4	23.6	24.9	26.0	27.2	28.3	29.6	30.6	31.6	32.6	33.6
7	17.7	18.8	20.0	21.0	22.1	23.3	24.6	25.8	26.9	28.0	29.2	30.2	31.2	32.2	33.2
8	17.5	18.6	19.7	20.7	21.8	23.0	24.2	25.3	26.5	27.6	28.8	29.8	30.8	31.8	32.8
9	17.3	18.4	19.5	20.5	21.6	22.7	23.9	25.0	26.1	27.2	28.4	29.4	30.4	31.4	32.4
10	17.0	18.1	19.2	20.2	21.3	22.4	23.5	24.6	25.7	26.8	27.9	29.0	30.0	31.4	32.0
11	16.8	17.9	19.0	20.0	21.0	22.1	23.2	24.3	25.4	26.5	27.6	28.6	29.6	30.6	31.6
12	16.6	17.6	18.7	19.7	20.7	21.8	22.9	24.0	25.1	26.1	27.2	28.2	29.2	30.2	31.2
13	16.4	17.4	18.5	19.5	20.5	21.5	22.6	23.6	24.7	25.7	26.8	27.8	28.8	29.8	30.8
14	16.2	17.2	18.2	19.2	20.2	21.2	22.3	23.3	24.3	25.3	26.4	27.4	28.4	29.4	30.4
15	16.0	17.0	18.0	19.0	20.0	21.0	22.0	23.0	24.0	25.0	26.0	27.0	28.0	29.0	30.0
16	15.9	16.9	17.8	18.7	19.7	20.7	21.7	22.7	23.7	24.7	25.7	26.6	27.6	28.6	29.6
17	15.6	16.6	17.5	18.4	19.4	20.4	21.4	22.4	23.4	24.4	25.4	26.3	27.3	28.2	29.2
18	15.4	16.3	17.3	18.2	19.1	20.1	21.1	22.0	23.0	24.0	25.0	25.9	26.9	27.8	28.8
19	15.2	16.1	17.0	17.9	18.8	19.8	20.8	21.7	22.7	23.6	24.6	25.5	26.5	27.4	28.4
20	14.9	15.8	16.7	17.6	18.5	19.5	20.5	21.4	22.4	23.3	24.3	25.2	26.1	27.1	28.0
21	14.6	15.5	16.4	17.3	18.2	19.1	20.1	21.1	22.1	23.0	23.9	24.8	25.7	26.7	27.6
22	14.4	15.3	16.2	17.0	17.9	18.8	19.8	20.7	21.7	22.6	23.6	24.4	25.3	26.3	27.2
23	14.1	15.0	15.9	16.7	17.6	18.5	19.5	20.4	21.4	22.3	23.2	24.1	25.0	25.9	26.8
24	13.9	14.8	15.7	16.5	17.4	18.3	19.2	20.1	21.0	21.9	22.8	23.7	24.6	25.5	26.4
25	13.6	14.5	15.6	16.2	17.1	18.0	18.9	19.8	20.7	21.6	22.5	23.3	24.3	25.2	26.1
26	13.4	14.2	15.1	15.9	16.8	17.7	18.6	19.5	20.4	21.3	22.2	23.0	23.9	24.8	25.7
27	13.1	14.0	14.8	15.6	16.5	17.4	18.3	19.2	20.1	20.9	21.8	22.7	23.6	24.4	25.3
28	12.8	13.7	14.5	15.3	16.1	17.0	18.0	18.9	19.7	20.6	21.5	22.3	23.2	24.0	24.9
29	12.6	13.4	14.2	15.0	15.8	16.7	17.6	18.5	19.4	20.3	21.1	21.9	22.8	23.7	24.5
30	12.3	13.1	13.9	14.7	15.5	16.4	17.3	18.2	19.1	19.9	20.8	21.6	22.5	23.3	24.2

付表4 ゲーリュサック（Gay Lussac）氏アルコール計表 (3)

摂氏検温器度数	アルコール計の指示度数（容量%）														
	31	32	33	34	35	36	37	38	39	40	41	42	43	44	45
	摂氏検温器15度におけるアルコール（容量%）														
0	37.3	38.3	39.2	40.2	41.1	42.1	43.1	44.0	45.0	45.9	46.9	47.9	48.8	49.8	50.7
1	36.8	37.8	38.8	39.8	40.8	41.8	42.7	43.7	44.6	45.5	46.5	47.5	48.4	49.4	50.3
2	36.4	37.4	38.4	39.4	40.4	41.4	42.3	43.3	44.2	45.1	46.1	47.1	48.1	49.0	49.9
3	36.0	37.0	38.0	39.0	40.0	41.0	42.0	42.9	43.9	44.8	45.8	46.7	47.7	48.6	49.6
4	35.5	36.5	37.5	38.5	39.5	40.5	41.5	42.5	43.5	44.4	45.4	46.4	47.4	48.3	49.2
5	35.1	36.1	37.1	38.1	39.1	40.1	41.1	42.1	43.1	44.0	45.0	45.9	46.9	47.9	48.8
6	34.7	35.7	36.7	37.7	38.7	39.7	40.7	41.6	42.6	43.6	44.6	45.5	46.5	47.5	48.4
7	34.2	35.2	36.2	37.2	38.2	39.2	40.2	41.2	42.2	43.2	44.2	45.1	46.1	47.1	48.1
8	33.8	34.8	35.8	36.8	37.8	38.8	39.8	40.8	41.8	42.8	43.8	44.8	45.8	46.8	47.7
9	33.4	34.4	35.4	36.4	37.4	38.4	39.4	40.4	41.4	42.4	43.4	44.4	45.4	46.4	47.3
10	33.0	34.0	35.0	36.0	37.0	38.0	39.0	40.0	41.0	42.0	43.0	44.0	45.0	46.0	46.9
11	32.6	33.6	34.6	35.6	36.6	37.6	38.6	39.6	40.6	41.6	42.6	43.6	44.6	45.6	46.6
12	32.2	33.2	34.2	35.2	36.2	37.2	38.2	39.2	40.2	41.2	42.2	43.2	44.2	45.2	46.2
13	31.8	32.8	33.8	34.8	35.8	36.8	37.8	38.8	39.8	40.8	41.8	42.8	43.8	44.8	45.8
14	31.4	32.4	33.4	34.4	35.4	36.4	37.4	38.4	39.4	40.4	41.4	42.4	43.4	44.4	45.4
15	31.0	32.0	33.0	34.0	35.0	36.0	37.0	38.0	39.0	40.0	41.0	42.0	43.0	44.0	45.0
16	30.6	31.6	32.5	33.5	34.5	35.5	36.5	37.5	38.5	39.5	40.6	41.6	42.6	43.6	44.6
17	30.2	31.2	32.1	33.1	34.1	35.1	36.1	37.1	38.1	39.1	40.2	41.2	42.2	43.2	44.2
18	29.8	30.8	31.7	32.7	33.7	34.7	35.7	36.7	37.7	38.7	39.8	40.8	41.8	42.8	43.8
19	29.4	30.4	31.3	32.3	33.3	34.3	35.3	36.3	37.3	38.3	39.4	40.4	41.4	42.5	43.5
20	29.0	30.0	30.9	31.9	32.9	33.9	34.9	35.9	36.9	37.9	39.0	40.0	41.0	42.1	43.1
21	28.6	29.6	30.5	31.5	32.5	33.5	34.5	35.5	36.5	37.5	38.6	39.6	40.6	41.7	42.7
22	28.2	29.2	30.1	31.1	32.1	33.1	34.1	35.1	36.1	37.1	38.2	39.2	40.2	41.3	42.3
23	27.8	28.8	29.7	30.7	31.7	32.7	33.7	34.7	35.7	36.7	37.8	38.8	39.8	40.9	41.9
24	27.4	28.4	29.3	30.3	31.3	32.3	33.3	34.3	35.3	36.3	37.4	38.4	39.4	40.5	41.5
25	27.0	28.0	28.9	29.9	30.9	31.9	32.9	33.9	34.9	35.9	37.0	38.0	39.0	40.1	41.1
26	26.6	27.6	28.5	29.5	30.5	31.5	32.5	33.5	34.5	35.5	36.5	37.6	38.6	39.7	40.7
27	26.2	27.2	28.1	29.1	30.1	31.1	32.1	33.1	34.1	35.1	36.1	37.2	38.2	39.3	40.3
28	25.8	26.8	27.7	28.7	29.7	30.7	31.7	32.7	33.7	34.7	35.7	36.8	37.8	38.9	39.9
29	25.4	26.4	27.3	28.3	29.3	30.3	31.3	32.3	33.3	34.3	35.3	36.3	37.4	38.5	39.5
30	25.1	26.0	26.9	27.9	28.9	29.9	30.9	31.9	32.9	33.9	34.9	35.9	37.0	38.1	39.1

付表4　ゲーリュサック（Gay Lussac）氏アルコール計表 (4)

摂氏検温器度数	アルコール計の指示度数（容量%）														
	46	47	48	49	50	51	52	53	54	55	56	57	58	59	60
	摂氏検温器15度におけるアルコール（容量%）														
0	51.7	52.6	53.5	54.5	55.4	56.4	57.3	58.3	59.2	60.2	61.2	62.1	63.1	64.1	65.0
1	51.3	52.2	53.2	54.2	55.1	56.0	57.0	57.9	58.9	59.9	60.9	61.8	62.8	63.8	64.7
2	50.9	51.8	52.8	53.8	54.7	55.7	56.6	57.6	58.5	59.5	60.5	61.5	62.4	63.4	64.4
3	50.5	51.5	52.4	53.4	54.3	55.3	56.3	57.2	58.2	59.2	60.2	61.1	62.1	63.1	64.1
4	50.2	51.1	52.1	53.0	54.0	55.0	56.0	56.9	57.9	58.9	59.8	60.8	61.7	62.7	63.7
5	49.8	50.7	51.7	52.7	53.6	54.6	55.6	56.6	57.5	58.5	59.5	60.4	61.4	62.4	63.4
6	49.4	50.4	51.4	52.4	53.3	54.3	55.2	56.2	57.1	58.1	59.1	60.1	61.0	62.0	63.0
7	49.1	50.1	51.0	52.0	52.9	53.9	54.9	55.9	56.8	57.8	58.8	59.8	60.7	61.7	62.7
8	48.7	49.7	50.6	51.6	52.6	53.6	54.6	55.5	56.5	57.5	58.5	59.5	60.4	61.4	62.4
9	48.3	49.3	50.2	51.2	52.2	53.2	54.2	55.1	56.1	57.1	58.1	59.1	60.0	61.0	62.0
10	47.9	48.9	49.9	50.9	51.8	52.8	53.8	54.8	55.8	56.8	57.8	58.8	59.7	60.7	61.7
11	47.6	48.6	49.5	50.5	51.5	52.5	53.5	54.4	55.4	56.4	57.4	58.4	59.4	60.4	61.4
12	47.2	48.2	49.2	50.2	51.1	52.1	53.1	54.1	55.0	56.0	57.0	58.0	59.0	60.0	61.0
13	46.8	47.8	48.8	49.8	50.8	51.8	52.7	53.7	54.7	55.7	56.7	57.7	58.7	59.7	60.7
14	46.4	47.4	48.4	49.4	50.4	51.4	52.3	53.3	54.3	55.3	56.3	57.3	58.3	59.3	60.3
15	46.0	47.0	48.0	49.0	50.0	51.0	52.0	53.0	54.0	55.0	56.0	57.0	58.0	59.0	60.0
16	45.6	46.6	47.6	48.6	49.6	50.6	51.6	52.6	53.6	54.6	55.6	56.6	57.6	58.6	59.6
17	45.2	46.2	47.2	48.3	49.3	50.3	51.3	52.3	53.3	54.3	55.3	56.3	57.3	58.3	59.3
18	44.9	45.9	46.9	47.9	48.9	49.9	50.9	51.9	52.9	53.9	54.9	55.9	56.9	57.9	58.9
19	44.5	45.5	46.5	47.5	48.5	49.5	50.6	51.6	52.6	53.6	54.6	55.6	56.6	57.6	58.6
20	44.1	45.1	46.1	47.2	48.2	49.2	50.2	51.2	52.2	53.2	54.2	55.2	56.2	57.2	58.2
21	43.7	44.8	45.8	46.8	47.8	48.8	49.8	50.8	51.8	52.9	53.9	54.9	55.9	56.9	57.9
22	43.3	44.3	45.3	46.4	47.4	48.4	49.4	50.4	51.4	52.5	53.5	54.5	55.5	56.5	57.5
23	42.9	43.9	44.9	46.0	47.0	48.0	49.1	50.1	51.1	52.1	53.1	54.1	55.1	56.1	57.1
24	42.5	43.6	44.6	45.6	46.6	47.6	48.7	49.7	50.7	51.8	52.8	53.8	54.8	55.8	56.8
25	42.2	43.2	44.2	45.2	46.3	47.3	48.3	49.3	50.3	51.4	52.4	53.4	54.4	55.5	56.5
26	41.8	42.8	43.8	44.9	45.9	46.9	47.9	49.0	50.0	51.0	52.0	53.0	54.0	55.1	56.1
27	41.4	42.4	43.4	44.5	45.5	46.5	47.6	48.6	49.6	50.7	51.7	52.7	53.7	54.8	55.8
28	41.0	42.0	43.0	44.1	45.1	46.1	47.2	48.2	49.2	50.3	51.3	52.3	53.3	54.4	55.4
29	40.6	41.6	42.6	43.7	44.7	45.7	46.8	47.8	48.9	49.9	51.0	52.0	53.0	54.0	55.0
30	40.2	41.2	42.3	43.3	44.3	45.4	46.4	47.5	48.5	49.6	50.6	51.6	52.6	53.6	54.7

付表5 2点比較法（片側検定）のための検定表

n	有意水準 5%	1%	0.1%	n	有意水準 5%	1%	0.1%
5	5	—	—	31	21	23	25
6	6	—	—	32	22	24	26
7	7	7	—	33	22	24	26
8	7	8	—	34	23	25	27
9	8	9	—	35	23	25	27
10	9	10	10	36	24	26	28
				37	24	27	29
11	9	10	11	38	25	27	29
12	10	11	12	39	26	28	30
13	10	12	13	40	26	28	31
14	11	12	13				
15	12	13	14	41	27	29	31
16	12	14	15	42	27	29	32
17	13	14	16	43	28	30	32
18	13	15	16	44	28	31	33
19	14	15	17	45	29	31	34
20	15	16	18	46	30	32	34
				47	30	32	35
21	15	17	18	48	31	33	36
22	16	17	19	49	31	34	36
23	16	18	20	50	32	34	37
24	17	19	20				
25	18	19	21	60	37	40	43
26	18	20	22	70	43	46	49
27	19	20	22	80	48	51	55
28	19	21	23	90	54	57	61
29	20	22	24	100	59	63	66
30	20	22	24				

繰り返し数（または，パネル数）が n のとき，正解数が表中の値以上ならば有意．

付表6　2点比較法（両側検定）のための検定表

n	5%	1%	0.1%	n	5%	1%	0.1%
6	6	—	—	31	22	24	25
7	7	—	—	32	23	24	26
8	8	8	—	33	23	25	27
9	8	9	—	34	24	25	27
10	9	10	—	35	24	26	28
				36	25	27	29
11	10	11	11	37	25	27	29
12	10	11	12	38	26	28	30
13	11	12	13	39	27	28	31
14	12	13	14	40	27	29	31
15	12	13	14				
16	13	14	15	41	28	30	32
17	13	15	16	42	28	30	32
18	14	15	17	43	29	31	33
19	15	16	17	44	29	31	34
20	15	17	18	45	30	32	34
				46	31	33	35
21	16	17	19	47	31	33	36
22	17	18	19	48	32	34	36
23	17	19	20	49	32	34	37
24	18	19	21	50	33	35	37
25	18	20	21				
26	19	20	22	60	39	41	44
27	20	21	23	70	44	47	50
28	20	22	23	80	50	52	56
29	21	22	24	90	55	58	61
30	21	23	25	100	61	64	67

繰り返し数（または，パネル数）が n のとき，正解数が表中の値以上ならば有意．

付表7　3点比較法のための検定表

n	5%	1%	0.1%	n	5%	1%	0.1%
3	3	—	—	31	16	18	20
4	4	—	—	32	16	18	20
5	4	5	—	33	17	19	21
6	5	6	—	34	17	19	21
7	5	6	7	35	18	19	22
8	6	7	8	36	18	20	22
9	6	7	8	37	18	20	22
10	7	8	9	38	19	21	23
				39	19	21	23
11	7	8	10	40	19	21	24
12	8	9	10				
13	8	9	11	41	20	22	24
14	9	10	11	42	20	22	25
15	9	10	12	43	21	23	25
16	10	11	12	44	21	23	25
17	10	11	13	45	22	24	26
18	10	12	13	46	22	24	26
19	11	12	14	47	23	24	27
20	11	13	14	48	23	25	27
				49	23	25	28
21	12	13	15	50	24	26	28
22	12	14	15				
23	13	14	16	60	28	30	33
24	13	14	16	70	32	34	37
25	13	15	17	80	35	38	41
26	14	15	17	90	39	42	45
27	14	16	18	100	43	46	49
28	15	16	18				
29	15	17	19				
30	16	17	19				

繰り返し数（または，パネル数）が n のとき，正解数が表中の値以上ならば有意．

付表8 配偶法の検定表

(1) 繰り返しのない場合

t	有 意 水 準		
	5 %	1 %	0.1 %
4	3	—	—
5	4	—	—
6	4	—	—
7	4	5	6
8	4	5	6
9以上	4	5	6

t = 試料数.
正しく組合せた試料数(配偶数)が表の値以上の時,有意.

(2) 繰り返しのある場合(有意水準5%)

n	$\bar{s}$	n	$\bar{s}$
1	4.00	11	1.64
2	3.00	12	1.58
3	2.33	13	1.54
4	2.25	14	1.50
5	1.80	15	1.53
6	1.83		
7	1.86	20	1.45
8	1.75	25	1.36
9	1.67	30	1.33
10	1.60		

n = 繰り返し数(パネル数)
正しく組合せた試料数(配偶数)の平均値 $\bar{s}$ が表の値以上の時,有意.

付表9 クレーマーの順位合計の検定表

(1) 有意水準5%

n \ t	2	3	4	5	6	7	8	9	10	11	12
2	—	—	—	—	—	—	—	—	—	—	—
3	—	—	—	4.14	4.17	4.20	4.23	5.25	5.28	5.31	5.34
4	—	5.11	5.15	6.18	6.22	7.25	7.29	8.32	8.36	8.39	9.43
5	—	6.14	7.18	8.22	9.26	9.31	10.35	11.39	12.43	12.48	13.52
6	7.11	8.16	9.21	10.26	11.31	13.41	14.46	15.51	17.55	18.60	18.60
7	8.13	10.18	11.24	12.30	14.35	15.41	17.46	18.52	19.58	21.63	22.69
8	9.15	11.21	13.27	15.33	17.39	18.46	20.52	22.58	24.64	25.71	27.77
9	11.19	13.23	15.30	17.37	19.44	22.50	24.57	26.64	28.71	30.78	32.85
10	12.18	15.25	17.33	20.40	22.48	25.55	27.63	30.70	32.78	35.85	37.93
11	13.20	16.28	19.36	22.44	25.52	28.60	31.68	34.76	36.85	39.93	42.101
12	15.21	18.30	21.39	25.47	28.56	31.65	37.74	38.82	41.91	44.100	47.109
13	16.23	20.32	24.41	27.51	31.60	35.69	38.79	42.88	45.98	49.107	52.117
14	17.25	22.34	26.44	30.54	34.64	38.74	42.84	46.94	50.104	54.114	57.125
15	19.26	23.37	28.47	32.58	37.68	41.79	46.89	50.100	54.111	58.122	63.132
16	20.28	25.39	30.50	35.61	40.72	45.83	49.95	54.106	59.117	63.129	68.140
17	22.29	27.41	32.53	38.64	43.76	48.88	53.100	58.112	63.124	68.136	73.148
18	23.31	29.43	34.56	40.68	46.80	52.92	57.105	62.118	68.130	73.143	79.155
19	24.33	30.46	37.58	43.71	49.84	55.97	61.110	67.123	73.136	78.150	84.163
20	26.34	32.48	39.61	45.95	52.88	58.102	65.115	71.129	77.143	83.157	90.170

(2) 有意水準1%

n \ t	2	3	4	5	6	7	8	9	10	11	12
2	—	—	—	—	—	—	—	—	—	—	—
3	—	—	—	—	—	—	—	—	4.29	4.32	4.35
4	—	—	—	5.19	5.23	5.27	6.30	6.34	6.38	6.42	7.45
5	—	—	6.19	7.23	7.28	8.37	9.41	9.46	10.50	10.50	10.55
6	—	7.17	8.22	9.27	9.33	10.38	11.43	12.48	13.53	13.59	14.64
7	—	8.20	10.25	11.31	12.37	14.43	14.49	15.55	16.61	17.67	18.73
8	9.15	10.22	11.29	12.35	14.42	16.48	17.55	19.61	20.68	21.75	23.81
9	10.17	12.24	13.32	15.39	17.46	19.53	21.60	22.68	24.75	26.82	27.90
10	11.19	13.27	15.35	18.42	20.50	22.58	24.66	26.74	28.82	30.90	32.93
11	12.21	15.29	17.38	20.46	25.55	25.63	27.72	30.80	32.89	34.98	37.106
12	14.22	17.31	19.41	22.50	25.59	28.68	31.77	33.87	36.96	39.105	42.114
13	15.24	18.34	21.44	25.53	28.63	31.73	34.83	37.93	40.103	43.113	46.123
14	16.26	20.36	24.46	27.57	31.67	34.78	38.88	41.98	45.109	48.120	51.131
15	18.27	22.38	26.49	30.60	34.71	37.83	41.94	45.105	49.116	53.127	56.139
16	19.29	23.41	28.52	32.64	36.76	41.87	45.99	49.111	53.123	57.135	62.146
17	20.31	25.43	30.55	35.67	39.80	44.92	49.104	53.117	58.129	62.142	67.154
18	22.32	27.45	32.58	37.71	42.84	47.97	52.110	57.123	62.136	67.149	72.162
19	22.34	29.47	34.61	40.74	45.88	50.102	56.115	61.129	67.142	72.156	77.170
20	24.36	30.50	36.64	42.78	48.92	54.106	60.120	65.135	71.149	77.163	82.178

t：試料数，n：繰り返し数（パネル数）
順位の和が小さいほうの値以下であるか，あるいは大きいほうの値以上のとき有意．

付表10 F分布のパーセント点

f_2 \ f_1	1	2	3	4	5	6	7	8	9
1	161.448	199.500	215.707	224.583	230.162	233.986	236.768	238.883	240.543
2	18.513	19.000	19.164	19.247	19.296	19.330	19.353	19.371	19.385
3	10.128	9.552	9.277	9.117	9.013	8.941	8.887	8.845	8.812
4	7.709	6.944	6.591	6.388	6.256	6.163	6.094	6.076	5.999
5	6.608	5.786	5.409	5.192	5.050	4.950	4.876	4.841	4.772
6	5.987	5.143	4.757	4.534	4.387	4.284	4.207	4.147	4.099
7	5.591	4.737	4.347	4.120	3.972	3.866	3.787	3.726	3.677
8	5.318	4.459	4.066	3.838	3.687	3.581	3.500	3.438	3.388
9	5.117	4.256	3.863	3.633	3.482	3.374	3.293	3.230	3.179
10	4.965	4.103	3.708	3.478	3.326	3.217	3.135	3.072	3.020
11	4.844	3.982	3.587	3.357	3.204	3.095	3.012	2.948	2.896
12	4.747	3.885	3.490	3.259	3.106	2.996	2.913	2.849	2.796
13	4.667	3.806	3.411	3.179	3.025	2.915	2.832	2.767	2.714
14	4.600	3.739	3.344	3.112	2.958	2.848	2.764	2.699	2.646
15	4.543	3.682	3.287	3.056	2.901	2.790	2.707	2.641	2.588
16	4.494	3.634	3.239	3.007	2.852	2.741	2.657	2.591	2.538
17	4.451	3.592	3.197	2.965	2.810	2.699	2.614	2.548	2.494
18	4.414	3.555	3.160	2.928	2.773	2.661	2.577	2.510	2.456
19	4.381	3.522	3.127	2.895	2.740	2.628	2.544	2.477	2.423
20	4.351	3.493	3.098	2.866	2.711	2.599	2.514	2.447	2.393
21	4.325	3.467	3.072	2.840	2.685	2.573	2.488	2.420	2.366
22	4.301	3.443	3.049	2.817	2.661	2.549	2.464	2.397	2.342
23	4.279	3.422	3.028	2.796	2.640	2.528	2.442	2.375	2.320
24	4.260	3.403	3.009	2.776	2.621	2.508	2.423	2.355	2.300
25	4.242	3.385	2.991	2.759	2.603	2.490	2.405	2.337	2.282
26	4.225	3.369	2.975	2.743	2.587	2.474	2.388	2.321	2.265
27	4.210	3.354	2.960	2.728	2.572	2.459	2.373	2.305	2.250
28	4.196	3.340	2.947	2.714	2.558	2.445	2.359	2.291	2.236
29	4.183	3.328	2.934	2.701	2.545	2.432	2.346	2.278	2.223
30	4.171	3.316	2.922	2.690	2.534	2.421	2.334	2.266	2.211
31	4.160	3.305	2.911	2.679	2.523	2.409	2.323	2.255	2.199
32	4.149	3.295	2.901	2.668	2.512	2.399	2.313	2.244	2.189
33	4.139	3.285	2.892	2.659	2.503	2.389	2.303	2.235	2.179
34	4.130	3.276	2.883	2.650	2.494	2.380	2.294	2.225	2.170
35	4.121	3.267	2.874	2.641	2.485	2.372	2.285	2.217	2.161
36	4.113	3.259	2.866	2.634	2.477	2.364	2.277	2.209	2.153
37	4.105	3.252	2.859	2.626	2.470	2.356	2.270	2.201	2.145
38	4.098	3.245	2.852	2.619	2.463	2.349	2.262	2.194	2.138
39	4.091	3.238	2.845	2.612	2.456	2.342	2.255	2.187	2.131
40	4.085	3.232	2.839	2.606	2.449	2.336	2.249	2.180	2.124
41	4.079	3.226	2.833	2.600	2.443	2.330	2.243	2.174	2.118
42	4.073	3.220	2.827	2.594	2.438	2.324	2.237	2.168	2.112
43	4.067	3.214	2.822	2.589	2.432	2.318	2.232	2.163	2.106
44	4.062	3.209	2.816	2.584	2.427	2.313	2.226	2.157	2.101
45	4.057	3.204	2.812	2.579	2.422	2.308	2.221	2.152	2.096
46	4.052	3.200	2.807	2.574	2.417	2.304	2.216	2.147	2.091
47	4.047	3.195	2.802	2.570	2.413	2.299	2.212	2.143	2.086
48	4.043	3.191	2.798	2.565	2.409	2.295	2.207	2.138	2.082
49	4.038	3.187	2.794	2.561	2.404	2.290	2.203	2.134	2.077
50	4.034	3.183	2.790	2.557	2.400	2.286	2.199	2.130	2.073
60	4.001	3.150	2.758	2.525	2.368	2.254	2.167	2.097	2.040
80	3.960	3.111	2.719	2.486	2.329	2.214	2.126	2.056	1.999
120	3.920	3.072	2.680	2.447	2.290	2.175	2.087	2.016	1.959
240	3.880	3.033	2.642	2.409	2.252	2.136	2.048	1.977	1.919
∞	3.841	2.996	2.605	2.372	2.214	2.099	2.010	1.938	1.880

注：表にない自由度の F の値は，自由度の逆数について線形補間をして求める．

(有意水準 5 %)

$\alpha = 0.05$

$F(f_1, f_2 : \alpha)$

10	12	15	20	24	30	40	60	120	∞	f_1 / f_2
241.882	243.906	245.950	248.013	249.052	250.095	251.143	252.196	253.253	254.314	1
19.396	19.413	19.429	19.446	19.454	19.462	19.471	19.479	19.487	19.496	2
8.786	8.745	8.703	8.660	8.639	8.617	8.594	8.572	8.549	8.526	3
5.964	5.912	5.858	5.803	5.774	5.746	5.717	5.688	5.658	5.628	4
4.735	4.678	4.619	4.558	4.527	4.496	4.464	4.431	4.398	4.365	5
4.060	4.000	3.938	3.874	3.841	3.808	3.774	3.740	3.705	3.669	6
3.637	3.575	3.511	3.445	3.410	3.376	3.340	3.304	3.267	3.230	7
3.347	3.284	3.218	3.150	3.115	3.079	3.043	3.005	2.967	2.928	8
3.137	3.073	3.006	2.936	2.900	2.864	2.826	2.787	2.748	2.707	9
2.978	2.913	2.845	2.774	2.737	2.700	2.661	2.621	2.580	2.538	10
2.854	2.788	2.719	2.646	2.609	2.570	2.531	2.490	2.448	2.404	11
2.753	2.687	2.617	2.544	2.505	2.466	2.426	2.384	2.341	2.296	12
2.671	2.604	2.533	2.459	2.420	2.380	2.339	2.297	2.252	2.206	13
2.602	2.534	2.463	2.388	2.349	2.308	2.266	2.223	2.178	2.131	14
2.544	2.475	2.403	2.328	2.288	2.247	2.204	2.160	2.114	2.066	15
2.494	2.425	2.352	2.276	2.235	2.194	2.151	2.106	2.059	2.010	16
2.450	2.381	2.308	2.230	2.190	2.148	2.104	2.058	2.011	1.960	17
2.412	2.342	2.269	2.191	2.150	2.107	2.063	2.017	1.968	1.917	18
2.378	2.308	2.234	2.155	2.114	2.071	2.026	1.980	1.930	1.878	19
2.348	2.278	2.203	2.124	2.082	2.039	1.994	1.946	1.896	1.843	20
2.321	2.250	2.176	2.096	2.054	2.010	1.965	1.916	1.866	1.812	21
2.297	2.226	2.151	2.071	2.028	1.984	1.938	1.889	1.838	1.783	22
2.275	2.204	2.128	2.048	2.005	1.961	1.914	1.865	1.813	1.757	23
2.255	2.183	2.108	2.027	1.984	1.939	1.892	1.842	1.790	1.733	24
2.236	2.165	2.089	2.007	1.964	1.919	1.872	1.822	1.768	1.711	25
2.220	2.148	2.072	1.990	1.946	1.901	1.853	1.803	1.749	1.691	26
2.204	2.132	2.056	1.974	1.930	1.884	1.836	1.785	1.731	1.672	27
2.190	2.118	2.041	1.959	1.915	1.869	1.820	1.769	1.714	1.654	28
2.177	2.104	2.027	1.945	1.901	1.854	1.806	1.754	1.698	1.638	29
2.165	2.092	2.015	1.932	1.887	1.841	1.792	1.740	1.683	1.622	30
2.153	2.080	2.003	1.920	1.875	1.828	1.779	1.726	1.670	1.608	31
2.142	2.070	1.992	1.908	1.864	1.817	1.767	1.714	1.657	1.594	32
2.133	2.060	1.982	1.898	1.853	1.806	1.756	1.702	1.645	1.581	33
2.123	2.050	1.972	1.888	1.843	1.795	1.745	1.691	1.633	1.569	34
2.114	2.041	1.963	1.878	1.833	1.786	1.735	1.681	1.623	1.558	35
2.106	2.033	1.954	1.870	1.824	1.776	1.726	1.671	1.612	1.547	36
2.098	2.025	1.946	1.861	1.816	1.768	1.717	1.662	1.603	1.537	37
2.091	2.017	1.939	1.853	1.808	1.760	1.708	1.653	1.594	1.527	38
2.084	2.010	1.931	1.846	1.800	1.752	1.700	1.645	1.585	1.518	39
2.077	2.003	1.924	1.839	1.793	1.744	1.693	1.637	1.577	1.509	40
2.071	1.997	1.918	1.832	1.786	1.737	1.686	1.630	1.569	1.500	41
2.065	1.991	1.912	1.826	1.780	1.731	1.679	1.623	1.561	1.492	42
2.059	1.985	1.906	1.820	1.773	1.724	1.672	1.616	1.554	1.485	43
2.054	1.980	1.900	1.814	1.767	1.718	1.666	1.609	1.547	1.477	44
2.049	1.974	1.895	1.808	1.762	1.713	1.660	1.603	1.541	1.470	45
2.044	1.969	1.890	1.803	1.756	1.707	1.654	1.597	1.534	1.463	46
2.039	1.965	1.885	1.798	1.751	1.702	1.649	1.591	1.528	1.457	47
2.035	1.960	1.880	1.793	1.746	1.697	1.644	1.586	1.522	1.450	48
2.030	1.956	1.876	1.789	1.742	1.692	1.639	1.581	1.517	1.444	49
2.026	1.952	1.871	1.784	1.737	1.687	1.634	1.576	1.511	1.438	50
1.993	1.917	1.836	1.748	1.700	1.649	1.594	1.534	1.467	1.389	60
1.951	1.875	1.793	1.703	1.654	1.602	1.545	1.482	1.411	1.325	80
1.910	1.834	1.750	1.659	1.608	1.554	1.495	1.429	1.352	1.254	120
1.870	1.793	1.708	1.614	1.563	1.507	1.445	1.375	1.290	1.170	240
1.831	1.752	1.666	1.571	1.517	1.459	1.394	1.318	1.221	1.000	∞

付表11　F 分布のパーセント点

f_2 \ f_1	1	2	3	4	5	6	7	8	9
1	4052.181	4999.500	5403.352	5624.583	5763.650	5858.986	5928.356	5981.070	6022.473
2	98.503	99.000	99.166	99.249	99.299	99.333	99.356	99.374	99.388
3	34.116	30.817	29.457	28.710	28.237	27.911	27.672	27.489	27.345
4	21.198	18.000	16.694	15.977	15.522	15.207	14.976	14.799	14.659
5	16.258	13.274	12.060	11.392	10.967	10.672	10.456	10.289	10.158
6	13.745	10.925	9.780	9.148	8.746	8.466	8.260	8.102	7.976
7	12.246	9.547	8.451	7.847	7.460	7.191	6.993	6.840	6.719
8	11.259	8.649	7.591	7.006	6.632	6.371	6.178	6.029	5.911
9	10.561	8.022	6.992	6.422	6.057	5.802	5.613	5.467	5.351
10	10.044	7.559	6.552	5.994	5.636	5.386	5.200	5.057	4.942
11	9.646	7.206	6.217	5.668	5.316	5.069	4.886	4.744	4.632
12	9.330	6.927	5.953	5.412	5.064	4.821	4.640	4.499	4.388
13	9.074	6.701	5.739	5.205	4.862	4.620	4.441	4.302	4.191
14	8.862	6.515	5.564	5.035	4.695	4.456	4.278	4.140	4.030
15	8.683	6.359	5.417	4.893	4.556	4.318	4.142	4.004	3.895
16	8.531	6.226	5.292	4.773	4.437	4.202	4.026	3.890	3.780
17	8.400	6.112	5.185	4.669	4.336	4.102	3.927	3.791	3.682
18	8.285	6.013	5.092	4.579	4.248	4.015	3.841	3.705	3.597
19	8.185	5.926	5.010	4.500	4.171	3.939	3.765	3.631	3.523
20	8.096	5.849	4.938	4.431	4.103	3.871	3.699	3.564	3.457
21	8.017	5.780	4.874	4.369	4.042	3.812	3.640	3.506	3.398
22	7.945	5.719	4.817	4.313	3.988	3.758	3.587	3.453	3.346
23	7.881	5.664	4.765	4.264	3.939	3.710	3.539	3.406	3.299
24	7.823	5.614	4.718	4.218	3.895	3.667	3.496	3.363	3.256
25	7.770	5.568	4.675	4.177	3.855	3.627	3.457	3.324	3.217
26	7.721	5.526	4.637	4.140	3.818	3.591	3.421	3.288	3.182
27	7.677	5.488	4.601	4.106	3.785	3.558	3.388	3.256	3.149
28	7.636	5.453	4.568	4.074	3.754	3.528	3.358	3.226	3.120
29	7.598	5.420	4.538	4.045	3.725	3.499	3.330	3.198	3.092
30	7.562	5.390	4.510	4.018	3.699	3.473	3.304	3.173	3.067
31	7.530	5.362	4.484	3.993	3.675	3.449	3.281	3.149	3.043
32	7.499	5.336	4.459	3.969	3.652	3.427	3.258	3.127	3.021
33	7.471	5.312	4.437	3.948	8.630	3.406	3.238	3.106	3.000
34	7.444	5.289	4.416	3.927	3.611	3.386	3.218	3.087	2.981
35	7.419	5.268	4.396	3.908	3.592	3.368	3.200	3.069	2.963
36	7.396	5.248	4.377	3.890	3.574	3.351	3.183	3.052	2.946
37	7.373	5.229	4.360	3.873	3.558	3.334	3.167	3.036	2.930
38	7.353	5.211	4.343	3.858	3.542	3.319	3.152	3.021	2.915
39	7.333	5.194	4.327	3.843	3.528	3.305	3.137	3.006	2.901
40	7.314	5.179	4.313	3.828	3.514	3.291	3.124	2.993	2.888
41	7.296	5.163	4.299	3.815	3.501	3.278	3.111	2.980	2.875
42	7.280	5.149	4.285	3.802	3.488	3.266	3.099	2.968	2.863
43	7.264	5.136	4.273	3.790	3.476	3.254	3.087	2.957	2.851
44	7.248	5.123	4.261	3.778	3.465	3.243	3.076	2.946	2.840
45	7.234	5.110	4.249	3.767	3.454	3.232	3.066	2.935	2.830
46	7.220	5.099	4.238	3.757	3.444	3.222	3.056	2.925	2.820
47	7.207	5.087	4.228	3.747	3.434	3.213	3.046	2.916	2.811
48	7.194	5.077	4.218	3.737	3.425	3.204	3.037	2.907	2.802
49	7.182	5.066	4.208	3.728	3.416	3.195	3.028	2.898	2.793
50	7.171	5.057	4.199	3.720	3.408	3.186	3.020	2.890	2.785
60	7.077	4.977	4.126	3.649	3.339	3.119	2.953	2.823	2.718
80	6.963	4.881	4.036	3.563	3.255	3.036	2.871	2.742	2.637
120	6.851	4.787	3.949	3.480	3.174	2.956	2.792	2.663	2.559
240	6.742	4.695	3.864	3.398	3.094	2.878	2.714	2.586	2.482
∞	6.635	4.605	3.782	3.319	3.017	2.802	2.639	2.511	2.407

(有意水準 1 %)

10	12	15	20	24	30	40	60	120	∞	f_1 \ f_2
6055.847	6106.321	6157.285	6208.730	6234.631	6260.649	6286.782	6313.030	6339.391	6365.864	1
99.399	99.416	99.433	99.449	99.458	99.466	99.474	99.482	99.491	99.499	2
27.229	27.052	26.872	26.690	26.598	26.505	26.411	26.316	26.221	26.125	3
14.546	14.374	14.198	14.020	13.929	13.838	13.745	13.652	13.558	13.463	4
10.051	9.888	9.722	9.553	9.466	9.379	9.291	9.202	9.112	9.020	5
7.874	7.718	7.559	7.396	7.313	7.229	7.143	7.057	6.969	6.880	6
6.620	6.469	6.314	6.155	6.074	5.992	5.908	5.824	5.737	5.650	7
5.814	5.667	5.515	5.359	5.279	5.198	5.116	5.032	4.946	4.859	8
5.257	5.111	4.962	4.808	4.729	4.649	4.567	4.483	4.398	4.311	9
4.849	4.706	4.558	4.405	4.327	4.247	4.165	4.082	3.996	3.909	10
4.539	4.397	4.251	4.099	4.021	3.941	3.860	3.776	3.690	3.602	11
4.296	4.155	4.010	3.858	3.780	3.701	3.619	3.535	3.449	3.361	12
4.100	3.960	3.815	3.665	3.587	3.507	3.425	3.341	3.255	3.165	13
3.939	3.800	3.656	3.505	3.427	3.348	3.266	3.181	3.094	3.004	14
3.805	3.666	3.522	3.372	3.294	3.214	3.132	3.047	2.959	2.868	15
3.691	3.553	3.409	3.259	3.181	3.101	3.018	2.933	2.845	2.753	16
3.593	3.455	3.312	3.162	3.084	3.003	2.920	2.835	2.746	2.653	17
3.508	3.371	3.227	3.077	2.999	2.919	2.835	2.749	2.660	2.566	18
3.434	3.297	3.153	3.003	2.925	2.844	2.761	2.674	2.584	2.489	19
3.368	3.231	3.088	2.938	2.859	2.778	2.695	2.608	2.517	2.421	20
3.310	3.173	3.030	2.880	2.801	2.720	2.636	2.548	2.457	2.360	21
3.258	3.121	2.978	2.827	2.749	2.667	2.583	2.495	2.403	2.305	22
3.211	3.074	2.931	2.781	2.702	2.620	2.535	2.447	2.354	2.256	23
3.168	3.032	2.889	2.738	2.659	2.577	2.492	2.403	2.310	2.211	24
3.129	2.993	2.850	2.699	2.620	2.538	2.453	2.364	2.270	2.169	25
3.094	2.958	2.815	2.664	2.585	2.503	2.417	2.327	2.233	2.131	26
3.062	2.926	2.783	2.632	2.552	2.470	2.384	2.294	2.198	2.097	27
3.032	2.896	2.753	2.602	2.522	2.440	2.354	2.263	2.167	2.064	28
3.005	2.868	2.726	2.574	2.495	2.412	2.325	2.234	2.138	2.034	29
2.979	2.843	2.700	2.549	2.469	2.386	2.299	2.208	2.111	2.006	30
2.955	2.820	2.677	2.525	2.445	2.362	2.275	2.183	2.086	1.980	31
2.934	2.798	2.655	2.503	2.423	2.340	2.252	2.160	2.062	1.956	32
2.913	2.777	2.634	2.482	2.402	2.319	2.231	2.139	2.040	1.933	33
2.894	2.758	2.615	2.463	2.383	2.299	2.211	2.118	2.019	1.911	34
2.876	2.740	2.597	2.445	2.364	2.281	2.193	2.099	2.000	1.891	35
2.859	2.723	2.580	2.428	2.347	2.263	2.175	2.082	1.981	1.872	36
2.843	2.707	2.564	2.412	2.331	2.247	2.159	2.065	1.964	1.854	37
2.828	2.692	2.549	2.397	2.316	2.232	2.143	2.049	1.947	1.837	38
2.814	2.678	2.535	2.382	2.302	2.217	2.128	2.034	1.932	1.820	39
2.801	2.665	2.522	2.369	2.288	2.203	2.114	2.019	1.917	1.805	40
2.788	2.652	2.509	2.356	2.275	2.190	2.101	2.006	1.903	1.790	41
2.776	2.640	2.497	2.344	2.263	2.178	2.088	1.993	1.890	1.776	42
2.764	2.629	2.485	2.332	2.251	2.166	2.076	1.981	1.877	1.762	43
2.754	2.618	2.475	2.321	2.240	2.155	2.065	1.969	1.865	1.750	44
2.743	2.608	2.464	2.311	2.230	2.144	2.054	1.958	1.853	1.737	45
2.733	2.598	2.454	2.301	2.220	2.134	2.044	1.947	1.842	1.726	46
2.724	2.588	2.445	2.291	2.210	2.124	2.034	1.937	1.832	1.714	47
2.715	2.579	2.436	2.282	2.201	2.115	2.024	1.927	1.822	1.704	48
2.706	2.571	2.427	2.274	2.192	2.106	2.015	1.918	1.812	1.693	49
2.698	2.562	2.419	2.265	2.183	2.098	2.007	1.909	1.803	1.683	50
2.632	2.496	2.352	2.198	2.115	2.028	1.936	1.836	1.726	1.601	60
2.551	2.415	2.271	2.115	2.032	1.944	1.849	1.746	1.630	1.494	80
2.472	2.336	2.192	2.035	1.950	1.860	1.763	1.656	1.533	1.381	120
2.395	2.260	2.114	1.956	1.870	1.778	1.677	1.565	1.432	1.250	240
2.321	2.185	2.039	1.878	1.791	1.696	1.592	1.473	1.325	1.000	∞

付表12 スチューデント化された範囲 q (t, ϕ：有意水準5％)

f \ t	2	3	4	5	6	7	8	9	10	12	15	20
1	18.0	27.0	32.8	37.1	40.4	43.1	45.4	47.4	49.1	52.0	55.4	59.6
2	6.09	8.3	9.8	10.9	11.7	12.4	13.0	13.5	14.0	14.7	15.7	16.8
3	4.50	5.91	6.82	7.50	8.04	8.48	8.85	9.18	9.46	9.95	10.52	11.24
4	3.93	5.04	5.76	6.29	6.71	7.05	7.35	7.60	7.83	8.21	8.66	9.23
5	3.64	4.60	5.22	5.67	6.03	6.33	6.58	6.80	6.99	7.32	7.72	8.21
6	3.46	4.34	4.90	5.31	5.63	5.89	6.12	6.32	6.49	6.79	7.14	7.59
7	3.34	4.16	4.68	5.06	5.36	5.61	5.82	6.00	6.16	6.43	6.76	7.17
8	3.26	4.04	4.53	4.89	5.17	5.40	5.60	5.77	5.92	6.18	6.48	6.87
9	3.20	3.95	4.42	4.76	5.02	5.24	5.43	5.60	5.74	5.98	6.28	6.64
10	3.15	3.88	4.33	4.65	4.91	5.12	5.30	5.46	5.60	5.83	6.11	6.47
11	3.11	3.82	4.26	4.57	4.82	5.03	5.20	5.35	5.49	5.71	5.99	6.33
12	3.08	3.77	4.20	4.51	4.75	4.95	5.12	5.27	5.40	5.62	5.88	6.21
13	3.06	3.73	4.15	4.45	4.69	4.88	5.05	5.19	5.32	5.53	5.79	6.11
14	3.03	3.70	4.11	4.41	4.64	4.83	4.99	5.13	5.25	5.46	5.72	6.03
15	3.01	3.67	4.08	4.37	4.60	4.78	4.94	5.08	5.20	5.40	5.65	5.96
16	3.00	3.65	4.05	4.33	4.56	4.74	4.90	5.03	5.15	5.35	5.59	5.90
17	2.98	3.63	4.02	4.30	4.52	4.71	4.86	4.99	5.11	5.31	5.55	5.84
18	2.97	3.61	4.00	4.28	4.49	4.67	4.82	4.96	5.07	5.27	5.50	5.79
19	2.96	3.59	3.98	4.25	4.47	4.65	4.79	4.92	5.04	5.23	5.46	5.75
20	2.95	3.58	3.96	4.23	4.45	4.62	4.77	4.90	5.01	5.20	5.43	5.71
24	2.92	3.53	3.90	4.17	4.37	4.54	4.68	4.81	4.92	5.10	5.32	5.59
30	2.89	3.49	3.84	4.10	4.30	4.46	4.60	4.72	4.83	5.00	5.21	5.48
40	2.86	3.44	3.79	4.04	4.23	4.39	4.52	4.63	4.74	4.91	5.11	5.36
60	2.83	3.40	3.74	3.98	4.16	4.31	4.44	4.55	4.65	4.81	5.00	5.24
120	2.80	3.36	3.69	3.92	4.10	4.24	4.36	4.48	4.56	4.72	4.90	5.13
∞	2.77	3.31	3.63	3.86	4.03	4.17	4.29	4.39	4.47	4.62	4.80	5.01

t：試料数　　ϕ：自由度　　（スチューデント化された範囲の q の上側5％の点）

付表13 スチューデント化された範囲 q (t, ϕ：有意水準1%)

f \ t	2	3	4	5	6	7	8	9	10	12	15	20
1	90.0	135	164	186	202	216	227	237	246	260	277	298
2	14.0	19.0	22.3	24.7	26.6	28.2	29.5	30.7	31.7	33.4	35.4	37.9
3	8.26	10.6	12.2	13.3	14.2	15.0	15.6	16.2	16.7	17.5	18.5	19.8
4	6.51	8.12	9.17	9.96	10.6	11.1	11.5	11.9	12.3	12.8	13.5	14.4
5	5.70	6.97	7.80	8.42	8.91	9.32	9.67	9.97	10.24	10.70	11.24	11.93
6	5.24	6.33	7.03	7.56	7.97	8.32	8.61	8.87	9.10	9.49	9.95	10.54
7	4.95	5.92	6.54	7.01	7.37	7.68	7.94	8.17	8.37	8.71	9.12	9.65
8	4.74	5.63	6.20	6.63	6.96	7.24	7.47	7.68	7.87	8.18	8.55	9.03
9	4.60	5.43	5.96	6.35	6.66	6.91	7.13	7.32	7.49	7.78	8.13	8.57
10	4.48	5.27	5.77	6.14	6.43	6.67	6.87	7.05	7.21	7.48	7.81	8.22
11	4.39	5.14	5.62	5.97	6.25	6.48	6.67	6.84	6.99	7.25	7.56	7.95
12	4.32	5.04	5.50	5.84	6.10	6.32	6.51	6.67	6.81	7.06	7.36	7.73
13	4.26	4.96	5.40	5.73	5.98	6.19	6.37	6.53	6.67	6.90	7.19	7.55
14	4.21	4.89	5.32	5.63	5.88	6.08	6.26	6.41	6.54	6.77	7.05	7.39
15	4.17	4.83	5.25	5.56	5.80	5.99	6.16	6.31	6.44	6.66	6.93	7.26
16	4.13	4.78	5.19	5.49	5.72	5.92	6.08	6.22	6.35	6.56	6.82	7.15
17	4.10	4.74	5.14	5.43	5.66	5.85	6.01	6.15	6.27	6.48	6.73	7.05
18	4.07	4.70	5.09	5.38	5.60	5.79	5.94	6.08	6.20	6.41	6.65	6.96
19	4.05	4.67	5.05	5.33	5.55	5.73	5.89	6.02	6.14	6.34	6.58	6.89
20	4.02	4.64	5.02	5.29	5.51	5.69	5.84	5.97	6.09	6.29	6.52	6.82
24	3.96	4.54	4.91	5.17	5.37	5.54	5.69	5.81	5.92	6.11	6.33	6.61
30	3.89	4.45	4.80	5.05	5.24	5.40	5.54	5.65	5.76	5.93	6.14	6.41
40	3.82	4.37	4.70	4.93	5.11	5.27	5.39	5.50	5.60	5.77	5.96	6.21
60	3.76	4.28	4.60	4.82	4.99	5.13	5.25	5.36	5.45	5.60	5.79	6.02
120	3.70	4.20	4.50	4.71	4.87	5.01	5.12	5.21	5.30	5.44	5.61	5.83
∞	3.64	4.12	4.40	4.60	4.76	4.88	4.99	5.08	5.16	5.29	5.45	5.65

t：試料数　　ϕ：自由度　　（スチューデント化された範囲の q の上側1%の点）

引用文献

1) 日本缶詰協会レトルト食品部会編：「レトルト食品を知る」丸善㈱（1997）
2) 清水潮，横山理雄：「レトルト食品の基礎と応用」幸書房（1995）
3) 鴨居郁三編：「食品工業技術概説」恒星社厚生閣（1997）
4) 森田重廣：「食肉・肉製品の科学」学窓社（1992）
5) 農林水産省編：「日本農林規格品質表示基準 食品編」
6) 神谷　誠著：「畜産食品の科学」大日本図書（1983）
7) 種谷真一，林　弘通，川端晶子：「食品物性用語辞典」養賢堂（1996）
8) 川端晶子：「食品物性学」建帛社（1989）
9) 磯　直道，水野治夫，小川廣男：「食品のレオロジー」成山堂書店（1992）
10) 松本幸雄：「食品の物性とは何か」弘学出版（1991）
11) 中濱信子，大越ひろ，森高初恵：「おいしさのレオロジー」弘学出版（1997）
12) 日本咀嚼学会監修：「サイコレオロジーと咀嚼」建帛社（1995）
13) 日本フードスペシャリスト協会編：「食品の官能評価・鑑別演習」建帛社（1999）
14) 古川秀子：「おいしさを測る」幸書房（1994）
15) 川端晶子編：「新版身近な食べ物の調理学実験」建帛社（1993）
16) 四宮陽子：「クッキングエクスペリメント」学建書院（2000）
17) 大羽和子，川端晶子編：「調理科学実験」学建書院（2000）
18) 大羽和子，川端晶子編：「調理学実験」学建書院（1990）
19) 永田久紀，朝野弘明：「医学・公衆衛生学のための統計学入門」南江堂（1972）
20) 菅原龍幸，前川昭男監修：「新食品分析ハンドブック」建帛社（2000）
21) 吉田利宏：「新食品表示制度　改正JAS法」一橋出版（2003）
22) 茂木幸夫：「ぜひ知っておきたい食品の包装」幸書房（1999）
23) 杉田浩一他：「食品大事典」医歯薬出版（2003）
24) 全国栄養士養成施設協会監修他：「食品加工学　管理栄養士国家試験受験講座」第一出版（2003）
25) 倉田忠男他：「食品加工学　現代栄養科学シリーズ12」朝倉書店（2001）
26) 加藤博通他：「食品保蔵学　食品の科学6」文永堂出版（1999）
27) 日本缶詰協会監修：「缶，びん詰，レトルト食品事典」朝倉書店（1984）
28) 並木満夫他：「現代の食品化学〈第2版〉」三共出版（1992）
29) 江崎　修：「プロのためのわかりやすい製パン技術〈第3版〉」柴田書店（1997）
30) 「小麦品質評価法－官能検査によるめん適性」農林水産省食品総合研究所（1985）

31）「国内産小麦の評価に関する研究会報告書－小麦のめん（うどん）適性評価法－」食糧庁（1997）
32）「食品加工総覧　加工品編第 6 巻」農山漁村文化協会（2002）
33）今井忠平：「マヨネーズ・ドレッシングの知識」幸書房（1993）
34）管理栄養士教本編集委員会編：「新・管理栄養士教本　下」中央法規出版（1990）
35）ノンノモアブックス編集部編：「お菓子基本大百科」集英社（1993）
36）主婦の友社編：「料理食材大事典」主婦の友社（1996）
37）岡田　稔他編：「魚肉ねり製品〈理論と応用〉」恒星社厚生閣（1974）
38）岡田　稔：「かまぼこの科学」成山堂（1999）

索　引

【欧文】

casein	124
curd	124
duo-trio test	46
dyn/cm²	38
F 分布表	49, 50
HM ペクチン	77
HTST	18
JAS	25, 29
L. bulgaricus	126
LL	19
LL めん	58
LM ペクチン	77
long life milk	19
LTLT	18
matching test	47
N/m²	38
pair test	46
paired comparison	47
Pa·s	36
pH	36
PP キャップ	27
ranking test	47
R. U.	38
scoring method	47
SD 法	47, 51
semantic differential method	47
S. thermophilus	126
TFS 缶	21
triangle test	46
T. U.	38
UHT	19
W/O 型	141
W/T	67

【あ行】

アイスクリーム	137
アクトミオシン	109
あさり	153
あさりの佃煮	153
足	145
後発酵型	125
イージーオープン缶	20
イースト菌	52
一元配置法	48
一次発酵	53
1対2点比較法	46, 48
一対比較法	47
遺伝子組換え食品	32
うどん	58
ウベローデ粘度計	37
液くん法	17
エキスパンションリング	20
エマルジョン	141
エラスチン線維	118
塩蔵法	10
押出し法	58
オストワルド粘度計	37
温くん法	17

【か行】

加圧加熱ソーセージ	110
カード	124
カードメーター	39
回転粘度計	37
火炎殺菌法	24
かげ干し	13
果実飲料	94
カゼイン	124
硬さ	38, 40
活性乳酸菌飲料	124
カッティング	109
加熱殺菌	17
加熱殺菌方法	18
かまぼこ	145
かまぼこの足の形成	147
ガム性	40
カルボニル化合物	15
かん水	61
乾燥	11
缶詰	20
寒天	156
官能検査	43
缶マーク	25
生地	52
帰無仮説	51
キャノンフェンスケ粘度計	37
キュアリング	70
牛肉味付け缶詰	118
凝集性	40
切出し法	58
均質化	127
クッキー	65
クックドソーセージ	110
くり	90
グリアジン	52
クリープメーター	40
くり甘露煮	90
グルコマンナン	73
グルテニン	52
くん煙	14

くん煙材	15
くん煙成分	15
くん煙法	17
ケーシー瓶	27
結合水	9
ケファリン	141
限外ろ過	17
高温殺菌	18
高温短時間殺菌	18
硬化	118
抗菌性	16
抗酸化性	16
高メトキシルペクチン	77
固形くん煙材	15
誤差	49, 50
コップテスト	82
コラーゲン線維	118
こんにゃく	73
こんにゃくいも	73
こんにゃく玉	73

【さ行】

殺菌	17, 127
さつま揚げ	150
サニタリー缶	20
3点比較法	46
シーマー	23
紫外線殺菌	17
直捏法	53
嗜好性	16
自然乾燥	13
脂肪の流出	118
シャープレス遠心分離機	94
ジャム	77
自由水	9
自由度	49, 50
順位法	47, 48
商業的殺菌	18
消費期限	31
賞味期限	25, 31
食塩濃度	35
食塩濃度計	35

食品衛生法	25
真空度	42
真空凍結乾燥	12
人工乾燥	13
水素イオン濃度	36
水中油滴型	141
水分	9
水分活性	9
スターター	126
スチューデント化	50
スプーンテスト	82
スプリンガー現象	23
スプレッド・ファクター	67
坐り	147
静菌	17
正常乳酸菌	124
精粉	73
セミドライソーセージ	110
ゼラチンの形成	118
総酸量	33
総平方和	49, 50
ソーセージ	108
即席めん	58
そしゃく性	40
ソフトヨーグルト	125

【た行】

対立仮説	51
脱気	23
立て塩法	10
タンニン	90
弾力性	40
畜肉加工品	108
中華めん	61
長期保存乳	19
超高温瞬間殺菌	19
チョッパーパルパー搾汁機	94
ツイストオフ瓶	27
佃煮	153
漬物	103

テアーオフキャップ	27
低温殺菌	18
低温殺菌法	24
低メトキシルペクチン	77
テクスチャー測定装置	40
テューキイの多重比較	49
テングサ類	156
ドゥ	52
糖蔵	10
糖度	34
糖用屈折計	34
特定JAS規格	30
ところてん	156
ドライソーセージ	110
ドリンクヨーグルト	125

【な行】

中種法	53
生うどん	58
二元配置法	48, 49
二重巻締機	23
2点識別試験法	46
2点嗜好試験法	46
2点比較法	46
ニトロソヘモクロム	109
ニトロソミオグロビン	109
乳酸菌飲料	133
日本農林規格	25, 29
乳酸発酵	124
ニュートンの粘度法則	36
ニュートン流体	36
熱間充填法	24
熱くん法	17
ネト	147
粘り	40
粘度	36
ノータイム法	53
延出し法	58

【は行】

ハーゲン・ポアズイユの法則	37
ハードヨーグルト	125
配偶法	47, 48
パウチ	99
パスカル秒	36
パスツリゼーション	18
バターロール	53
破断エネルギー	41
破断応力	41
破断荷重	41
破断特性測定装置	41
破断ひずみ	41
発酵	127
発酵パン	52
ハネックスキャップ	27
パン	52
半生うどん	58
非ニュートン流体	36
日干し	13
被膜乾燥	12
評点法	47, 48
びわ	85
品質試験	33
品質保持期限	25
瓶詰	20, 26
風味の生成	119
フェノール類	15
付着性	40
ブランチング	87
振り塩漬け	10
フリッパー現象	23
プレーンヨーグルト	125
フローズンヨーグルト	125
分散	49, 50
分散比	49, 50
分散分析表	49, 50
噴霧乾燥	12
平方和	49, 50
ベーキングパウダー	52
ペクチニン酸	77
ペクチン	77
ペネトロメーター	42
変色	119
放射線殺菌	17
泡沫乾燥	12
ポークソーセージ	109
干しうどん	58
保水性	118
ポテトチップス	70
ホモ乳酸菌	124
ポリガラクツロン酸	77
ポリフェノールオキシダーゼ	85

【ま行】

マーマレード	81
前発酵型	125
マヨネーズ	141
ミートシャメーター	42
ミオグロビン	109
みかんジュース	94
無塩漬ソーセージ	110
無菌缶詰法	24
無発酵パン	52
メイラード反応	70
メーソン瓶	26
滅菌	17
めん類	58
毛細管粘度計	37
モール法	35
戻り	147
もろさ	40

【や行】

大和煮缶詰	118
有意水準 α	51
有意な差	51
有機酸類	15
ゆでうどん	58
ヨーグルト	124

【ら行】

らっきょう漬け	103
ラミネート	28
冷殺菌	17
冷凍すり身	147
レオロメーター	40
レシチン	141
レトルト	98
レトルト殺菌法	24
レトルト食品	28, 98
レトルトパウチ食品	28
ロングライフめん	58

著者一覧（五十音順、所属は初版第 2 刷刊行時）

東京農業大学

短期大学部栄養学科	名誉教授	片岡榮子（かたおか　えいこ）
農学部畜産学科	教　　授	鈴木敏郎（すずき　としろう）
短期大学部栄養学科	講　　師	鈴野弘子（すずの　ひろこ）
応用生物科学部栄養科学科	教　　授	徳江千代子（とくえ　ちよこ）
応用生物科学部栄養科学科	助　　手	西山由隆（にしやま　よしたか）
応用生物科学部食品加工技術センター	講　　師	野口智弘（のぐち　ともひろ）
短期大学部栄養学科	教　　授	古庄　律（ふるしょう　ただす）
応用生物科学部栄養科学科	教　　授	村　清司（むら　きよし）

食品加工学実習　～加工の基礎知識と品質試験～

2003 年10月20日	初版第 1 刷
2007 年 9 月 1 日	初版第 2 刷
2011 年 3 月 1 日	初版第 3 刷
2013 年 3 月21日	初版第 4 刷
2017 年 3 月24日	初版第 5 刷
2022 年 4 月 1 日	初版第 6 刷

発 行 者　　上　條　　宰
印刷・製本　　モリモト印刷

発行所　株式会社　地人書館
〒162-0835　東京都新宿区中町15番地
電　話　03－3235－4422
ＦＡＸ　03－3235－8984
郵便振替　00160－6－1532
URL http://www.chijinshokan.co.jp
E-mail chijinshokan@nifty.com

Ⓒ2003　　　　　　　　　　　Printed in Japan
ISBN978-4-8052-0734-5

JCOPY 〈出版者著作権管理機構　委託出版物〉
本書の無断複製は、著作権法上での例外を除き禁じられています。複製される場合は、そのつど事前に、出版者著作権管理機構（電話 03-5244-5088、FAX 03-5244-5089、e-mail：info@jcopy.or.jp）の許諾を得てください。

地人書館の家政学図書

新フローチャートによる調理実習

初心者で多人数を対象として作った学生向け実習書．各調理を見開き頁にまとめ，左側頁には理論と調理中に起こるさまざまな変化と対応のしかたをまとめ，右側頁にはフローチャートをおき，調理の行程を示した．

下坂智恵・長野宏子 編著／B5 判・256 頁・¥2,800

フローチャートによる身近な調理の科学実験

調理科学に関する基礎実験をはじめ，官能検査，基本調理操作，糖質性食品，タンパク質性食品，油脂性食品，野菜・果物，液状食品などの実験を，フローチャートを用いて全体の流れを示し，より理解しやすいものとした．

加藤みゆき・津田淑江・長野宏子 編著／B5 判・184 頁・¥2,800

フローチャートによる食品学総論実験

実験書は誰が，どんな所で実験しても同じデータが出なければならない．本書は，食品学が総論と各論に編成されたことに伴い，総論実験をフローチャートで示すことによって，学生が食品分析の手順を確実に理解できるようにした．大学各部，短期大学，専門学校の実験講義用テキスト．

長谷川忠男 監修／B5 判・172 頁・¥2,200

食品開発ガイドブック

長年にわたり「食品研究」と「食品開発」に携わってきた著者が，「食品開発」の研究から製造販売までの過程の概要を示し，講義録としてまとめた．食品の商品開発について基本から工業化，商品化についての流れを記載し，商品開発の発想，商品化構想，販売戦略（マーケティング）まで含めて解説した．

片岡榮子・片岡二郎 著／B5 判・112 頁・¥2,000

食品化学実験

一般の食品学の実験書と異なり，物質の成り立ちや溶液論を中心に例題と演習を含めた「1. 実験を行うための基礎知識」，食品にどのような成分が含まれているかを知るための実験「2. 食品成分の定性分析」，食品に含まれる成分量を知るための実験「3. 食品成分の定量分析」の 3 章から構成されている．

片岡榮子・古庄律・安原義 編著／B5 判・136 頁・¥1,800

生理・生化学実験

大学・短大の栄養士養成コースにおける生化学実験または解剖生理学実験の教科書．動物の解剖や組織観察のほかに栄養学の理解を深めるため，人体的な面を中心に実験項目を取り上げ，技術に普遍性の高いものを採用．

阿左美章治ほか 著／B5 判・168 頁・¥2,000

（お買い求めのさいには上記の価格に消費税がかかります）